Rich致富 152

催眠式逆轉銷售法

張世輝◎著

高寶書版集團

致富館 152

催眠式逆轉銷售法

作　　者：張世輝
總 編 輯：林秀禎
編　　輯：李慧敏
出 版 者：英屬維京群島商高寶國際有限公司台灣分公司
Global Group Holdings, Ltd.
地　　址：台北市內湖區洲子街88號3樓
網　　址：gobooks.com.tw
電　　話：(02) 27992788
E-mail：readers@gobooks.com.tw（讀者服務部）
pr@gobooks.com.tw（公關諮詢部）
電　　傳：出版部　(02) 27990909　行銷部　（02）27993088
郵政劃撥：19394552
戶　　名：英屬維京群島商高寶國際有限公司台灣分公司
發　　行：希代多媒體書版股份有限公司/Printed in Taiwan
初版日期：2007 年 11 月

國家圖書館出版品預行編目資料

催眠式逆轉銷售法 / 張世輝著. -- 初版. -- 臺北市 : 高寶國際出版 : 希代多媒體發行, 2007.11
面 ;　公分. -- (致富館 ; RI 152)

ISBN 978-986-185-110-5(平裝)

1. 銷售

496.5　　96019363

〈推薦序〉
同中求異，扭轉穿透

從《催眠式銷售》寫到《催眠式逆轉銷售法》，世輝算是將此間三味推敲再三、反覆消化後精練成章的第一人了。

誠所謂「師傅領進門，修行在個人。」馬修・史維（Marshall Sylver）來華所造成的「催眠式銷售」風潮，迄今雖已十年，各家企管講師引述其言者眾，將之運用為舞臺效果表演者亦不乏其人；唯獨世輝將之融會貫通，加之個人二十年業務經歷與教學經驗之獨創見解，而能匯集成書，系統而深入地探討此一實務甚重的課題，並能在《催眠式銷售》暢銷遍及後，再推出《催眠式逆轉銷售法》一書；此書付梓，當能一以補前書直述之不足，一以慰讀者閱前書意猶未盡之憾。

此書於「遠離拒絕」、「將拒絕轉為成交」、「主動的傾聽」均有獨到的見解與立竿見影之操作實效；我獨對於「啟發性銷售」甚多感觸，也是近年來極其重要的銷售模式之發展，原因無他，使用者及顧客對於其所欲購的商品、所欲參與之課程、所欲加入之會員有著越來越清楚的概念，一段雖完整卻冗長的銷售臺詞，只會讓消費者心生厭惡、望而卻步，加以同業間之同質性高、競爭手法變化多端，何以能鎖定客戶使之成為您公司抑或產品的忠實推薦者？「啟發性銷售」無疑是極為有效的工具，「打破慣性思維」及「借力使力」均為甚有效益之做法；然而最為重要的還是「教育性」功能，因為一旦客戶在你的行業中將你定位成一位具有「專業素養、前瞻思想、肯樂意助人，而又不斷精進學習的人」，我想訂單一定很難輕易落入他人手中吧！當你每次與客戶見面都能帶來他想知道的、且鮮為人知的啟發性知識內容時，「人倒屣相迎，宰牛烹羊」的場面也就不足為怪了。

這就是為什麼在你讀了《催眠式銷售》後，再在坊間眾多銷售叢書中挑選了《催眠式逆轉銷售法》的原因了，因為「Something new, something different, something can make you better!」

本書通篇結構嚴謹、案例卻極其生動實用，見諸業務行業中常能令讀者莞爾一笑、而有似曾相識之感；殆因作者平日為人灑脫、言語幽默卻是行為嚴謹，信手拈來之對白常能收意外驚喜之效，除能深體「武當」太極「四兩撥千斤」之功底外，更能往往在雲遊太虛的冗長銷售過程中展現「華山」劍宗「直指核心」的犀利功力。

一招「打狗棒法」——舞來密不通風、滴水不漏；從「提出誘因、有論證基礎、喚起購買欲望與利益性、連結誘因產生情感反應、激勵採取購買行動」，不但暗含祖師爺的「A.I.D.M.A.」及「F.A.B.E.」章法，加以馬修大師多年參悟之催眠程式指令之融合，正是「降龍十八掌」之正宗「締結心法」。娓娓道來、循循善誘，讀之如食千年紅蔘、功力倍增。

一記「天外飛仙」——將客戶多日蘊釀爆發的服務抱怨化為無形，再回首細究，已然昨日黃花、成過眼雲煙。原來大俠不作任何抱怨處理！讓這些早備好唇槍舌劍的江湖俠客們其奈我何！

世輝如今已然「雙劍合壁、天下無敵」；《催眠式銷售》之時代，亦因此新作《催眠式逆轉銷售法》而正式劃下另一銷售時代之里程碑。

喜見世輝新作誕生，為之作序，與有榮焉，蓋因與世輝淵源甚深，從其課程設計、公司成立、新書創作均能與我分享其中喜悅，十年一夕、不甚感懷，樂為之薦。

原「成智集團」創辦人、現「遠東企業經營研究所」所長

朱清明

二〇〇七年十月十三日

〈自序〉

「催眠式逆轉銷售法」幫助你絕處逢生

自上一本著作《催眠式銷售》被各方讀者接受後，許多親愛的讀者常發E-mail來問我：下一本什麼時候出版？我也講不出個確切時間，我想，好的作品總要有些發酵與醞釀的過程，我對於寫些無關痛癢的內容可是一點兒興趣都沒有！連出版社都覺得我錯失了上一本暢銷書的發行時機，這本新著原訂是要在二〇〇七年五月截稿出版，現在比原來的時間晚了六個月！

催眠式銷售是一門研究對「人」的專業知識與學問。產品專業不太難；經驗靠行動頻率及次數即可累積；銷售年資是許多銷售人員認為評估銷售力的依據。有人主張在銷售這一行，態度決定一切！也有人說：行動力才是成功關鍵。其實都有道理，我認為這些主張都對。

如果以上所講的都對，銷售人員也都「聽話照做」，是否有人可以百分之兩萬的保證，你的收入與績效會是現在與過去總和的十倍呢？

沒有?!

任何運行中的行星若脫離了軌道，就會發生災難！各種職位的銷售人員，銷售領導人或訓練人員若脫離了銷售常軌，開始對銷售時產生的各種現象品頭論足，急著下斷言之際，也許應該有人將過去這些臆測導入正軌。銷售成績的好壞與持續性，從來不是單獨一個態度或是行動力可以囊括的！

「催眠式逆轉銷售法」專注在絕處逢生之道。

不是每件case你都能成交，也並非每件case你都不能成交。而對如此這般真實的銷售情境時，身為企業主、銷售領導人、銷售人員或組訓人員的你，何妨暫且擺脫習以為常的慣有思維與經驗，大膽的挑戰過去，就如我常問自己：**你就只能做到這樣嗎？**

我用這句話來挑戰自我，已經連續十個年頭，潛意識總是會在適當的時機提醒我，不要滿足於現狀，現在就是突破自我的最好時機。

你已經非常滿意自己的企業成就、團隊人力與績效、個人收入及業績，或專業知識及經驗了嗎？如果你覺得不該只有這樣，歡迎你（或你的事業夥伴）與我一起進入催眠式逆轉銷售法的世界。

書中各章節皆描述了銷售實況中的案例，不只談有效的策略，更增加了為什麼無效的對比式案例，同時附上精簡又詳細的說明；從本文再對照每一篇的重點摘要，將更能使你提綱挈領的融會貫通。

當然，我更企盼讀者與各界先進不吝賜教，讓世輝所倡導的催眠式銷售能更臻完善，期盼你與我分享，這本書的種種策略對你的幫助。

「小心你的想法，更別輕忽你的做法，那是你之所以為你的主要原由。是誰說，你就只能有如此的成績與成就呢?!」

威力行銷研習會創辦人　張世輝

·目　錄·

Contents

第一章

夢想與目標的爭戰——專注、創造、執行

成功錦囊：

唯有透過徹底執行，知識才擁有真正的力量。

——威力行銷研習會創辦人 張世輝

我常在想，為什麼全世界有那麼多人想要離開他們的家鄉，去尋找所謂的「夢想」？他們費盡了千辛萬苦，有人甚至到了身無分文的地步，只為了找到並實踐心中那塊「夢想之地」，他們為了自己的夢，付出了大部分人一輩子不願割捨的代價，最後，終於能夠大放異彩、功成名就，就算不是全部，那之間的過程必也著實令人為之折服。

運氣，行動機率中創造的產物

用一般我們能理解的語彙來講，那可能是勇氣與膽識，也有人說是熱情，更有人說這些成功者是「天賦異稟」，註定就是要成功的。

我後來發現，這些成功者共通的兩項特質是：第一，他們一開始都在尋找一個「機會」，一個可以讓他們實現夢想的機會。你可能會想，如果找不到或沒有這個機會怎麼辦？告訴你一個成功的祕訣，那就去「創造機會」——沒有機會，就去創造它。而大部分的人一輩子都在「等待」機會！現實情況是：這些眾多「等待」機會的人，永遠只能為「創造」或主動「尋找」機會的人賣命，你也許不太喜歡「賣命」這個字吧？讓我解釋一下。你贊不贊成，一個人在世界上的生命總數，就是他在這個世界上的時間總和？當「等待」機會的人需要機會時，他們就會去找報紙的人事版，看看有哪些被創造出來的機會在等著他們，經過一連串的面試、面談、測試，也許他們雀屏中選，然後就開始一連串的賣命循環，因為這些「創造者」雇用「等待者」的能力與時間，所以說這些等待者其實等同於在賣命！

第二項特質，就是「專注」。成功者之所以成功，運氣的成分固然有之，然而，更重要的是，他們一旦發現或創造出實現夢想的機會，就會傾全力專注在實踐夢想的行動上。如果他們已經實現了當初的夢想，接下來呢？其實「夢想」是一種永遠無法被滿足的欲望，人們唯一能達成的只有一樣東西，稱為「目標」！

培養如雷射般的專注力

專注是一種「持續創造的能力」，當你夠專注時，你便能夠集中火力去完成常人無法企及的驚人成就與財富，小專注得到小成就，大專注自然得到大成就。那麼，不夠專注會得到什麼？還在抱怨錢賺得少、客戶難纏、生意難做嗎？根據「焦點法則」——你總是會得到你所專注的一切，一個人（或一家公司）越抱怨生意難做，生意就越進不來。一個業務團隊領導人越嫌業務不認真、業績差，這個團隊的業務就會越不認真，而且業績也會越來越糟。一個銷售團隊越檢討業績為何積弱不振，這個團隊就越……你已經知道答案了。他們也非常「專注」，只不過專注的目標完全擺錯位置，錯得一場糊塗！

（關於焦點法則對銷售的影響，可參閱《催眠式銷售》一書。）

成功者將注意力放在實踐夢想的必要行動上，因為夠專注而使他們心無旁騖；因為夠專注而使他們忽略被拒絕伴隨而來的沮喪感；因為夠專注而常常在行動中廢寢忘食；因為極度專注而睡眠減少，卻仍然精力充沛；因為專注在實踐上而能忍受短暫的入不敷出；因為專注而能吸引資金與人才來協助他達成目標，朝夢想邁進；因為專注而使他虛心學習，仔細求教而不驕傲自大；因為專注而使他不在意跌倒時的疼痛，拍拍身上的泥土與沙子，繼續向目標前進；因為專注而使他擺脫「三分鐘熱度」效應，進而發展出耐人尋味的持續戰鬥力；因為專注而使他密切注意產品、顧客與市場的微妙變化並採取資源配置的因應措施，而不致被淘汰出局；因為專注而使他仔細研究如何領先同業，創造差異性，躍升為領導品牌與業界標準。

你是否夠專注？你專注的目標是什麼？

就像華倫・巴菲特（世界首富排行榜第二名）所說：「我成功，是因為我夠專注，我只做我最擅長的，這就是我成功的祕訣！」

你或你的同事還覺得自己不成功嗎？先看看目前所做的，是否就是夢寐以求的事業？有沒有主動尋求或創造實踐的機會？最後，問問自己是否就算睡眠減少，隔天依然精神奕奕朝夢想前進？缺一樣，成功就會離你遠去！將「成功」視為一個生命體，「成功」也時時刻刻在尋找要「成功」的人，「成功」也必須主動去創造發掘「你」的機會，而「成功」也同樣要夠專注，才能讓被找到的人把它帶回家。「你」在找成功，「成功」也在找你！

案例㈠無效的話術

「我已經連續三天，每天打了至少五十通開發電話，有些人有興趣，只是一提到安排見面時間，他們就又很有防衛性、急著掛電話，我很挫折、很沮喪……」一位銷售人員這麼說著。他其實問了一個很好的問題，記得在一個演講的場合裡，台下的聽眾熱烈提問：「我不想再拿起電話來開發，我現在連看到電話都有一種恐懼感，我不知道自己適不適合再繼續做業務……」、「你有沒有什麼好的解決辦法，或催眠我不再害怕打電話開發？」

「你可以現場與我演練你是怎麼做的嗎？」

「可以。」

「OK，我們就開始吧！」

「喂，找那位？」

「嗯，你好，我這裡是XX公司，我找王智賢先生。」

「我就是！」

「王先生，我們公司有一些不錯的訊息要提供給你參考看看，就是，我們正推出一個優惠的投資理財專案，一個月只要存三仟元，就可以享有……你要不要聽聽看更詳細的內容，我可以親自拜訪，你是這禮拜還是下禮拜有空？」

「對不起，我沒什麼興趣，而且我也很忙，不用了，謝謝。」

「你怎麼會知道他們的回答都是這樣？」

我怎麼會知道？我應該很難不知道，他的策略如果要有效，還真得徹底改變。

「我示範一次給你看，然而，我不希望你只是能成功邀約，有時，就算見了面，以你的銷售方式而言，要讓顧客簽約購買的成功率就不太高，你希望這事情發生在你的身上嗎？」

「當然不希望。」

「我可以教你不僅有效的開發，而且，還能大幅提昇你的成交率八成以上，你願意照我教的做嗎？」

「當然願意！」

案例㈡有效的策略

「王先生，我是李大同，我來自ABC公司，你現在可以講一下電話吧?!」

「可以，有什麼事？」

「王先生，我知道你比較忙，我之前也沒和你約好，這是我們第一次通電話，我只想確定一件事，如果你已經有了，我會立即掛電話，如果你沒有而又想要有，我們再來談談怎麼做；這件事就是：王先生，從現在開始算起，往後推算的十年後，你是否每年都已經擁有五十到一百萬的退休金可以領，而且還完全免稅？」

「沒有，這哪有可能？」

「王先生，沒有的原因是因為：一、沒人教你怎麼做，還是二、你不知道怎麼做，或是三、以上皆是？」

「應該是三吧！」

「你的意思是說：如果有人教你怎麼做，而你也做得到，那你要有還是不要有？」

「當然要啦！」

「王先生，在我即將告訴你怎麼做之前，為了節省你的時間，同時又能精準的幫你做好完善退休的規畫，我有幾件事要請你先幫幫自己的忙。」

「哪些事？」

「第一，先告訴我你心中真正想要的退休金數字，第二，再簡單的試算可動用儲存的年預算，這通常是年收入的百分之二十或更多，低於百分之二十就沒有規畫的實質意義了；第三，為你自己的退休金規畫，事先撥出九十分鐘，我們再利用這些時間來討論相關的重要內容。」

「嗯，還不錯！」

「我們討論完後，你覺得還不錯，對你的財務及未來退休生活只有好處而無壞處，我們再來完成規畫的程序。所以你要在這禮拜的哪一天？」

「禮拜三好了。」

「禮拜三的什麼時候？」

「下午三點。」

「ＯＫ，下午三點，我會準時到，你的地址是……」

為什麼有效？

銷售人員會不經意的（而且是經常）對顧客的回絕產生兩極化的反應，不是對「被拒絕」本身產生過多的情緒（大部分是負面情緒，諸如沮喪感、挫敗、提不起勁、自我懷疑、逃避現實、不想再面對被拒絕時的恐懼），或者，就是覺得自己入錯行了！而且滋生想要進一步「說服」顧客的舉動，而這一點，往往也會衍生另一種兩極化的反應；一是促使顧客產生更進一步的抗拒，二是顧客也許被銷售人員說服購買，然而卻極易發生一些「反作用力」，像是「被強迫購買」或產生「購買者的反悔」等情況！

在處理這一類的銷售案例時，我通常都會將狀況一分為二，先將對方的情緒抽離，再請對方「還原」他的做法與程序。若是直接處理情緒，那只會如緣木求魚般徒勞無功；而往往會發現真正的問題，並非來自於情緒這個表面症狀，就像上述的例子一樣。

這個邏輯就像系統思考的結構學一般，我深深著迷於系統思考的原因是，它往往讓我能從真正產生影響力的槓桿點，來改變或改善銷售人員在銷售時因策略不奏效而滋生的各式狀況。同時，對銷售領導人而言，他們可藉由系統思考，不需要再花太多時間去處理事業夥伴的情緒，或是思索頭痛醫頭，腳痛醫腳的「症狀解」！

因此，大部分銷售人員會有問題的，不是情緒；而是因策略不奏效、銷售流程不夠精準而產生的情緒反應，沒錯，那只是個「反應」而已！

現在，讓我們一起來看看，如何使你的開發更有效！

「王先生，我是李大同，我來自ABC公司，你現在可以講一下電話吧?!」

——在電話開發時，除了自我介紹外，一定要找對人，同時要確認對方「現在」是否能接聽這通電話。因為大部分人都不喜歡被推銷，尤其是接到推銷電話。「你可以講一下電話吧?!」是個肯定式的疑問句，比「你方便接電話嗎？」這種自殺式問話安全、有效多了。

「可以，有什麼事？」

——如果你得到的反應是這個，那麼恭喜你，因為可以接電話的下一個自然衍生的順序，就是「有什麼事？」

「王先生，我知道你比較忙，我之前也沒和你約好，這是我們第一次通電話。」

——這是一種描述式的說法。「描述」是一種建立契合的策略，同時又能消弭潛在顧客的防衛系統。當你跟顧客說：「我知道你比較忙」的時候，一個忙碌的顧客會有：「是啊，我是很忙！」的內在反應，因此，就自動消弭了顧客和你說「我沒時間，我很忙！」的防衛性理由。「描述」的運用範圍相當廣泛，特別是在建立契合，或重新建立信任感的時機。因此，根據前述的邏輯，你不難發現，「我之前沒和你約好」、「這是我們第一次通電話」所描述而導引出的反應是什麼了！

「我只想確認一件事，如果你已經有了，我會立即掛電話，如果你沒有而又想要有，我們再來談談怎麼做。」

——你打電話給顧客的表達策略，絕不能在對方意識與經驗範圍內，也就是對方習慣的防衛系統模式裡。所以，你只想「確認」一件事，大部分顧客會被「這件要確認的事」所吸引，因為人類對未知通常充滿了好奇，即便有對未知的恐懼，然而「恐懼」本身往往也具有莫名的吸引力。而這裡，你讓顧客有「選擇」的權利，他可以自己選擇「確認」是不是要做些什麼，同時「如果你沒有而又想要有，我們再來談談怎麼做」則是一種嵌入式的銷售暗示。

「這件事就是：王先生，從現在開始算起，往後推算的十年後，你是否每年都已經擁有五十到一百萬的退休金可以領，而且還完全免稅？」

——這個問題的基礎在於，潛在顧客是否已經對產品所可能帶來的好處充滿好奇與興趣，而你的問題不該問得像個「問題」。記住，人們不喜歡被問「問題」，人們喜歡被關懷與注意。我們都有被關懷的渴望，不是嗎？所以，問題本身就是一種表達對顧客的興趣與好奇的方式，同時又必須有關懷的成分。除此之外，你應該也不想浪費時間在一個「不要」你商品利益的潛在顧客上，因為，尊重某些人說「不」的權利是一種銷售的美德；只有一種情形例外，就是你創造了潛在顧客向你說「不」的機會。

「沒有，這哪有可能？」

——當你得到的反應是「這哪有可能」時，就代表你成功的引起了潛在顧客初步的興趣，好讓你能延伸他被挑起的興趣。

「王先生，沒有的原因是因為：一、沒人教你怎麼做，還是二、你不知道怎麼做？或是三、以上皆是？」

——你絕不能對潛在顧客被挑起的興趣做任何回應。像是：「沒有，這哪有可能？」、「這怎麼沒有可能呢？讓我向你說明一下這個計畫的內容你就知道了……。」這些是最糟的回應方式，通常發生在那些很努力進行銷售、卻不知為什麼績效與收入始終不彰的銷售人員身上。表達對潛在顧客的關懷不是一件容易之事，因為同時還要緊緊抓住對方的注意力，並將其延伸至下一階段。所以，保持潛在客戶對該項商品優點的經驗與好奇，可以讓你維持住他的興趣。所以，對其「沒有」的經驗內容做反應，而非對「這哪有可能」做反應。

「應該是三吧！」

——不論對方給你的口語內容是剛才你設定的問題，或是不在你設定的範圍內，那都無關緊要，你只要知道他目前並「沒有」該項商品利益即可。因為沒有，就自然會「想要有」，這是人類心理反射系統的回饋機制。

「你的意思是說，如果有人教你怎麼做，而你也做得到，那你要有還是不要有？」

——這裡是順應剛才「沒有」而「又想有」的回饋機制。大約八至九成的人會自動選擇「要」，只是有些人會存疑，而不敢直接說「要」。因此，必須給他們一個合乎情理與邏輯性的推論，「如果有人教你怎麼做，而你也做得到」。此處「有人」暗示的是你自己，這個指令的結構就是：「如果……，而你也……。」例如：「如果有人教你如何成功創造三倍於現有年收入，而你也做得到，那你要、還是不要?!」同樣的指令結構可以無限延伸，無所限制！有些銷售人員因為沒有達到銷售時的巔峰狀態，而擔心潛在顧客說「不」，也有些人覺得這樣太直接。無論他們的經驗與評論是什麼，都不必太在意。去問問你的潛在顧客們，看看他們喜歡「直接」而不浪費時間的人，還是拐彎抹角、有話又不敢說的人？

「當然要啦！」

——在這兒你碰到的是比較沒有防禦性的潛在顧客，而大部分人接著會想：「那要怎麼做？」

「王先生，在我即將告訴你怎麼做之前……」

——「即將」這個字眼有引導人們產生期待的心理作用，在這裡請你運用「讀心」的策略來描述對方內在正在形成的經驗，其目的不只是「建立契合」（詳閱《催眠式銷售》一書），同時，亦能自然順應潛在顧客被誘發的興趣，而使銷售說明能依對方的潛在意識欲望前進。

「為了節省你的時間，同時又能精準的幫你做好完善退休金的規畫，我有幾件事要請你先幫幫自己的忙。」

——完善的銷售鋪陳一向是成功銷售的關鍵；一旦燃起潛在顧客「要」的欲望，對方自然容易「配合」你的銷售鋪陳。而鋪陳的運用範圍很廣，最常見的，是在「顧客的購買條件蒐集」、「購買動機探詢」，以及「銷售的過程提示」上。這裡將「節省你的時間」與「精準的幫你做好完善退休金的規畫」這兩件事，與「先幫你自己的忙」做了完善的銷售連結。在催眠的運用上是屬於「暗示性連結」，又稱為「間接性暗示」。其功能為：你較易讓對方以他自己的立場與利益為出發點來配合你，而這條阻力最小之路會帶領你們邁向成交之路。

「哪些事？」

——這是鋪陳奏效的自然現象，代表他已準備好配合你、要幫自己的忙了。

「第一，先告訴我你心中真正想要的退休金數字。」

——這裡是他「幫自己忙」的內容陳述，只要你安排得當，在內容與順序上井然有序、保持簡單的表達，對方都會給你想要的訊息。

「第二，再簡單的試算可動用儲蓄的年預算，這通常是年收入的百分之二十或更多，低於百分之二十就沒有規畫的實質意義了。」

——在這些陳述內容的描述過程中，聆聽者會自動盤算所有的數據與資訊，而你也做了很棒的銷售暗示：「年收入的百分之二十或更多，低於百分之二十就沒有規畫的實質意義了。」暗示型的指令通常都直接訴諸潛意識的「自動程式」，意指，你只要給架構，顧客自己就會去填滿內容，不含表意識抗拒成分。

「第三，為你自己的退休金規畫，事先撥出九十分鐘，我們再利用這些時間來討論相關的重要內容。」

——你請顧客為自己撥出時間來與你討論，而不是聽你如何銷售產品，這也是一個「讓顧客自己要」的策略模式，而非傳統的推銷技巧。

「嗯，還不錯！」

——這是一個潛意識的回答機制，然而，是透過表意識處理過的理智性口語回應。你不能期待他說「太棒了，這就是我要的。」這種現象大部分只發生在安排好的廣告或宣傳裡。有時候，現實生活中也可能發生，但通常是因為一直找不到想要的商品，一旦有機會碰到了，就失去理性亂買一通的人身上。

「我們討論完後，你覺得還不錯，對你的財務及未來退休生活只有好處而無壞處，我們再來完成規畫的程序。所以，你要在這禮拜的哪一天？」

——這是屬於「後暗示」，催眠後暗示是運用在當事人離開催眠師後，指令依據被暗示的時間、地點與情境而開始產生作用的催眠運用，而被催眠當事人會在無意識的狀況下自動執行後暗示指令。

因此，你未來的說明內容只需專注在「對你的財務及未來退休生活只有好處而無壞處時」，就自動進入「完成規畫的程序」。一旦確認了這一點後，別忘了，你必須一一履行前面的鋪陳與設定：

「所以，你要在這禮拜的哪一天？」

——這就回到你原始的目標。銷售就像畫一個圓，我父親雖沒讀過什麼書，然而，他總是告誡我：凡事「無規矩不成方圓」。真是一針見血、一語中的。

本章重點：

一、成功者共同的兩項特質：

第一，他們一開始都在尋找一個機會，一個可以實現夢想的機會。如果找不到或沒機會怎麼辦？他們會創造機會——沒有機會，就去創造它。

第二，專注。成功者一旦發現或創造出實現夢想的機會，就會傾全力專注在實踐夢想的行動上。

二、夢想是一種永遠無法被滿足的欲望，人們唯一能達成的，只有一樣東西，稱為「目標」！

三、大專注得到大成功，小專注得到小成功，不夠專注就不可能成功。

四、你在找成功，成功也在找你；你不找出如何成功的動機與方法，成功也不會去找你！

五、記得我父親的教誨：凡事「無規矩不成方圓」。銷售的有效策略就是規矩，圓規拿穩了，才能畫一個輪圓具足的圓，意即從開場到完成交易盡皆圓滿之意。

第二章

將拒絕轉為成交

成功錦囊：

永遠踩著顧客的抗拒前進。抗拒，是頂尖業務的成功階梯，是平庸業務的夢魘。

——威力行銷研習會創辦人　張世輝

不知道有多少銷售人員「戰死」商場，幹不下去了，都是因為被訓練成精練的商品解說員。或者說，學了許多來自「師父」（即引他入行的上線）的經驗，結果師父繼續當師父，業績穩穩當當；徒弟可就不一樣了，雖說自我摸索與被顧客拒絕是銷售常態，然而，在銷售這一行，是不能靠底薪過活的，要領底薪，也就不會跑去當銷售人員了，不是嗎？要賺大錢的人，才會選擇銷售；成功的企業家，往往也是最成功的推銷員。看看微軟的比爾・蓋茲；好萊塢最有權勢的經紀人邁可・歐維茲；蘋果電腦創辦人史蒂夫・賈伯斯；川普企業王國的創辦人唐納・川普……等等，不勝枚舉。成功致富必有道理，他們的想法、策略和一般人（非銷售人員或創業家）不一樣，因此唯唯諾諾、太過小心的人就不在此列。說實話，成功的企業家與銷售人員之所以能創造巨額財富，在於他們勇於實踐夢想，不計所付出的必要代價。比方說你與家人在峇里島度假，你接到一通潛在顧客的電話，他在二十四小時內就要簽約，這個案子價值千萬，你若不去立刻就有其他競爭對手趁虛而入，你會怎麼做？

倘若你一年只賺三百萬新臺幣，從事壽險金融業，現在有機會向全世界壽險銷售天王（連續三十二年，每年都達成超過十億美金，約臺幣三百二十億）業績的世界冠軍請益。條件是，你得投資兩百五十萬臺幣才能和他共聚午餐兩小時，但他會傳授成功銷售的策略與持續創造高峰的背後動力，你是否願意當機立斷、把握這個學習卓越的機會？

你是否願意投資這兩百五十萬，只為了向世界銷售冠軍請益，而時間僅有短短的兩小時？

成功必有道理

這個世界上，小心翼翼的人太多，勇於承擔風險的人太少。弔詭的是，有百分之九十以上的財富卻都集中在這些少數人身上，所以，不要羨慕或忌妒有錢與成功的企業家、銷售人員，因為，你絕不可能想成為那大多數「小心翼翼」的其中之一。

為成功致富所付出的代價，絕不會大過為保持平庸所付出的代價。因為「保持平庸」本身就已經是人生最大的代價，這意思是說：要想面面俱到，最後就什麼也照顧不到，太過小心是悲慘與平庸的開始。

除了一種情況例外，你的小心翼翼是在勇敢跨出正確方向後才開始的，那就另當別論！

「小心翼翼」本身並沒什麼問題，但過於小心、自我保護往往會影響到你的銷售成績；這類型銷售人員會呈現出「過於重視顧客說不的聲音」，導致他們花了大半的時間與顧客的抗拒意識周旋。這並不是一個好現象。為什麼？

什麼是表意識？什麼是潛意識？

人的意識在清醒時區分為三種：表意識、潛意識，和超意識。除了第三種我們先略過不談外，表意識與潛意識是我們耳熟能詳的。然而，你也許常聽人說，卻不一定了解它們是如何影響到銷售的成績好壞。猜猜看，顧客的「抗拒」來自哪個意識層？而顧客的購買行動又來自哪種意識？為什麼會有「購買者的反悔」這件事？為什麼有將近百分之八十到九十的人，在購買前會徵詢親友的意見，即使這些親友當中沒人受過你的產品訓練，甚至沒人曾經買過或用過？你的專業影響力與顧客的親友相較之下蕩然無存！無論你的建議書、企畫案、說明書，或是目錄等等做得多完美、多專業，你說明的越多，顧客聽進去的越少？為什麼你認為該做的都做了，該分析的也都分析了，顧客還是無動於衷？為什麼你牆上掛了兩百五十張專業理財證照，顧客還是有近八成的比例不敢把錢交給你管理？為什麼你每天按公司規定出勤、早會都正常，所有公司活動、會議、訓練你都參加；你也一日五訪，做好各項顧客管理的銷售日報表，賺的錢還是只能糊口？為什麼當你一年賺進一千萬，你就「自動」停滯不前，以此自滿，不再學習如何突破？

潛意識，看不見的主宰

你的潛意識主導了一切，而你的表意識卻毫不自知！銷售時，你該針對顧客的意識層面下功夫。比如人的抗拒來自表意識層，而大部分銷售人員都被訓練成：針對潛在顧客的表意識銷售，這其實是一種非常吃力而不討好的事。為什麼抗拒意識都在表意識層？因為表意識像一張濾網，而濾網的功能就是「篩選」，所以這是所有批判因子

（critical factor）的來源，它主導了理智、批判、評估、篩選等功能，而能觸動（或驅動）表意識的因素則包含了知識、邏輯與理智。當你在使用諸如「需求」、「需要」等字眼時，實際上你已觸動了顧客表意識批判因子的警鈴，而警鈴的功用不就正是防衛與警告嗎？

潛意識與表意識互補功能明顯，它不但沒有任何篩選功能，並且就像一塊超強的海綿吸收體，吸附所有自覺或不自覺進入的訊息。往往在你的表意識尚未察覺之際，潛意識早已悄悄啟動開關，執行它的工作。驅動潛意識的力量並不來自於知識與理智，而是受人的欲望而驅動。

偶有失誤的守門員

表意識執行的功能，包含了：需要／不需要、分析、歸類、篩選、整合。它讓人有辨別是非、喜好與厭惡的能力，分辨單純與複雜、執行或不執行。它同時讓人擁有分析、統計，將知識與經驗歸類的能力，就像是足球隊的守門員一樣，必須嚴格把關，不讓任何有損於己的訊息有可乘之機。然而，守門員也常有失誤的時候，它可能會過濾掉對自己有幫助的訊息而不自知，在事後卻懊惱不已。

至於潛意識執行的功能，則包含了：追求成功的欲望、財富、情緒、性衝動、想像力、創造力、創新、創意、信仰、夢、靈感、第六感等。人的欲望與動機皆來自潛意識，它讓人有追求夢想的欲望；吸引異性的性吸引力與創造財富及成功的動力是一致的。我們常聽說「潛意識的力量大過表意識三萬倍」。然而，它卻經常必須在適當的情境中被喚醒。一方面它必須藉由表意識指引方向，以發揮力量；另一方面，表意識也可能阻撓潛意識，而錯失契機。有時，表意識在不知該如何抉擇方向時，潛意識則會略過表意識，而逕自執行其功能。

分辨銷售阻力與助力

懂得分辨表意識、潛意識的語言是刻不容緩、成功掃除銷售阻礙、直通人性化銷售的高速公路；然而，這卻是大部分公司、銷售團隊、領導人與銷售人員最為缺乏的訓練。市場上有近百分之九十八的公司、銷售領導人，都過於強調公司有多偉大，以激勵銷售人員的忠誠與努力，至於能突破過去與現有業績、利潤與人力的有效策略則訓練與著墨的太少。

案例㈠無效的話術

「我跟先生討論後，決定暫不考慮你退休年金的提案，雖然它聽起來很吸引人。因為我們最近要投資房地產。等過一段時間再說吧！」

「王太太，投資房地產應該和你們的退休金規畫沒有關係吧！況且你們不是先前還滿喜歡這個規畫的，不是嗎！」

「話是沒錯，只是我和先生討論後，覺得預算的關係，還是不要給自己太大的壓力。」

「這怎麼會有壓力呢？之前我幫你們做的需求分析，不就是對你們的財務與未來退休生活所需量身訂作的試算與模擬嗎？當初你們也覺得這樣很好，怎麼又想投資房地產了呢？之前都沒提到這一點！」

「錢大部分都是我先生在賺的，他有他的考量，我也不能太干涉，一切都以他的意見為主，還是算了吧！」

「王太太，那你可以考慮規畫少一點……」

「這樣吧，我們手上都有你的資料，等需要的時候我們再找你。」

「你們真的不再考慮一下嗎？這個規畫對你們真的很重要……」

為什麼無效？

「我跟先生討論後，決定暫不考慮你退休年金的提案，雖然它聽起來很吸引人；因為我們最近要投資房地產。等過一段時間再說吧！」

——你可以分辨出這位銷售人員「處理」顧客拖延或購買的方式，是針對哪一個意識層？通常像這種情形，大部分人都被訓練成「對問題本身做出反應」，而這常常是觸動防衛系統警鈴的開始。因此，你不難預料最後的結果是什麼。

當顧客的「現實」情境不利於銷售結果時（這通常是在已經分析需求、解說商品或服務內容後，等待其回應之前會發生的情況），其表現的症狀大多是：分析需求與解說商品等階段，顧客表達出購買意願，卻不當下做決定，因為他（她）還有其他因素要考慮，需要一點時間，銷售人員也不好意思再進一步探詢，因為他們「擔心給顧客壓力」、「擔心會破壞彼此的信任感」、「被直接拒絕會很尷尬」、「不要太急，我應該相信顧客會購買，所以，可以很優雅的等待其回應」……其實，銷售的結果就只有兩個：一個，是成交，另一個，就是不成交！我一直認為，銷售人員不該為「不成交」這件事找一堆冠冕堂皇的爛理由，他們應該將思考做不成生意的注意力轉移到學習真正有效的做法上，也就是：極力找出能夠成交並突破的做法與資源，否則就太浪費腦力與時間了！

這個顧客讓銷售人員覺得「勝券在握」，在銷售跟進（Follow up）的時候，顧客給他一個無法購買的合理化理由——錢要投資房地產，所以沒錢做退休金規畫！而這位銷售人員針對問題本身做出本能式的反應。你可以仔細觀察並深入思考，「無法購買的合理化理由」使銷售人員變成「防衛性」的角色，因為他必須捍衛自己是專業人員的緣故，自動針對其表意識做出防衛性反應：

「王太太，投資房地產應該和你們的退休金規畫沒有關係吧！」

——銷售人員所傳遞的訊息是：房地產投資與退休金規畫是沒有關係的，而顧客告訴你那是有關連的，一個說有關係，一個說沒關係，這不是跟客戶……唱反調嗎?!他可能沒聽過一句老話：銷售時，贏得雄辯，失去訂單！想要製造意識上的防衛一點也不難，只要「證明」並「說服」顧客是錯的，而你是對的就行了。

「況且你們不是先前還滿喜歡這個規畫的，不是嗎！」

——前面都已經引起防衛系統的自我保護功能，現在要再讓他們「喜歡」這個規畫，我想，應該是不大可能的。

「話是沒錯，只是我和先生討論後，覺得預算的關係，還是不要給自己太大的壓力。」

——她再一次強調這兩者是有關係的，想讓銷售人員知難而退，如果這還聽不懂，她就再加強語氣說「不要給自己太大的壓力」，同時亦暗示銷售人員，不要再想說服我，和我唱反調，你已經讓我感到壓力了。

「這怎麼會有壓力呢？之前我幫你們做的需求分析，不就是對你們的財務與未來退休生活所需量身訂作的試算與模擬嗎？當初你們也覺得這樣很好，怎麼又想投資房地產了呢?之前都沒提到這一點!」

——這就是對表意識的防衛系統做出正面回應的結果:一個小小的抗拒,一個想要說服、解決抗拒的處境,引發更進一步的抗拒,致使銷售人員想更進一步說服並處理抗拒;而更進一步的說服則誘發了更大的抗拒……悲劇收場。就如他的處理方式,顧客說:有壓力;他說:這怎麼會有壓力呢?後面不管他說了什麼,他們都使彼此落入這個悲劇循環的結構中而無法自拔。

「錢大部分都是我先生在賺的,他有他的考量,我也不能太干涉,一切都以他的意見為主,還是算了吧!」

——問題轉移到一個銷售人員現場無法進行說服的對象上,原因無它,只因她無法招架銷售人員的說服攻勢,所以她正在轉移決策權力核心到先生身上,一個不在現場的對象,好迴避並終止銷售人員的堅持。

「王太太,那你們可以考慮規畫少一點……」

——銷售人員退而求其次,抱著「沒魚,蝦也好」的想法,他不想就此放棄,他必須堅持。

「這樣吧，我們手上都有你的資料，等需要的時候我們再找你。」

——他的幾次「挺進」不但沒奏效，而且越搞越糟，顧客開始下逐客令了！

「你們真的不再考慮一下嗎，這個規畫對你們真的很重要……」

——就像前面說的，悲劇收場！

「真是奧客、芭樂！」、「case真難談」、「下次一定要找有錢一點的。」他的心裡直犯嘀咕。

案例㈡有效的策略

讓我們重新架構銷售策略，結果可就大不相同。

「我跟先生討論後，決定暫不考慮你退休年金的提案，雖然它聽起來很吸引人。因為我們最近要投資房地產。等過一段時間再說吧！」

「王太太，我懂你的意思，你的意思是說：你和先生討論過後，決定先暫時不做退休金的規畫，是嗎?!」

「沒錯。」

「而先不做退休金規畫的原因是，你們要先投資房地產，對不對？」

「對啊！」

「很好，王太太，在我離開之前，我想先請教你幾個簡單的問題。」

「OK！」

「投資房地產本身是一項投資，而不是消費，是吧?!」

「它是投資，不是消費，沒錯。」

「而投資是為了賺錢，對不對？」

「那當然囉！」

「而房地產投資，其獲利來自兩個基本方向，一是賣得一個好價錢；另一個，則是出租，讓別人來幫你繳房屋貸款，而所有權仍是你們的，對不對！」

「沒錯！」

「所以，不管投資房地產或做退休金的規畫，它們都屬於『投資』而非消費，你說是吧！」

「應該是！」

「很好，王太太，既然都是投資而非消費，一個是投資在房地產，另一個是投資在退休金的規畫上，它們不都屬於投資未來嗎？」

「是沒錯。」

「既是投資未來，那就沒『花錢』的問題；既無花錢的問題，哪裡又有預算的問題。一項獲利與兩項獲利，哪一個對你們比較有利？」

「當然是兩項比較有利。」

「為什麼呢？」

「誰都想魚與熊掌都可兼得，那是最好的狀況。」

「那你覺得什麼時候讓未來利益到來比較好，是越早越好，還是越晚越好？」

「我知道了，也許我們應該重新再想想，怎麼做比較好。」

「王太太，你已經知道怎麼做，對你們的未來利益是最好的了。現在，你們只要

『做到』就行了！照我們之前所建議的，你心中或許有個概略的理想數字，這筆預算是投資在你們的退休金上；按照之前的試算，你知道該怎麼做，對你們的退休生活，是最有利的吧！」

「好吧！那就按照之前計算的方式與數字吧！」

「恭喜你，王太太，你們終於有一個專屬於你們自己的退休金帳戶了，現在，讓我們一起來完成簡單的規畫程序。」

為什麼有效？

「我跟先生討論後，決定暫不考慮你退休年金的提案，雖然它聽起來很吸引人；因為我們最近要投資房地產。等過一段時間再說吧！」

——就其語意上看，似乎是一種零和的結構，一筆預算，不是這個用途，就是另一個；而顧客看來是選擇了另一個。然而，你怎麼知道這就是真的情形？不是不相信顧客，也許他說的是真的。只是，亦有可能只是一個煙霧彈，讓銷售人員的注意力轉移的好方法。所以你可以先這麼做：

「王太太，我懂你的意思，你的意思是說：你和先生討論過後，決定先暫時不做退休金的規畫，是嗎?!」

——每當潛在顧客有任何購買障礙時，你都不應立即想要去解決它，主要的原因在於，你並不確定這是否是真的。然而，就算是假的訊息，也不便揭露，否則，將導致顧客的面子掛不住，屆時，你就一點機會也沒了!較有效的做法，是遵循《催眠式銷售》當中，建立同步與契合的策略，任何一個不能、不行、不可以、不應該購買的理由，在字面與行動上的表面現象，都是一個「不」字。而銷售上的結果也只有兩個，一是成交、一是不成交，就算是考慮考慮也還是個「不」字。所以，不是每個說「不」的理由都得去探究。當顧客說「不」時，意識之門是關閉的，再好的銷售訊息都被擋在門外；你必須想辦法，不著痕跡的使「不」轉變為「是」!因為，當一個顧客說「是」的時候，意識之門是大開的，這時，你的銷售訊息也才進得去，語意上的重複描述並確認所描述之事實，將使原先的「不」轉變成「是」!

「沒錯。」

——一個象徵「是」的口語反應將帶動意識上的轉變，語言一直對人的神經系統與意識狀態有著奇妙的影響力，這也是本書亟欲與你分享的重點，特別是在銷售與領導統御上！

「而先不做退休金規畫的原因是，你們要先投資房地產，對不對？」

——通常語意上的同步與契合是踩著顧客的抗拒前進，當你使用同步策略時，「描述」是一個最重要的架構，永遠先利用顧客給你的拒絕理由，而非急著想解決它。急著說服他反而會造成更進一步的防禦，那可是給自己找麻煩，就像上個案例的處理方式一樣，千萬別拿石頭砸自己的腳。

「對啊！」

——語意上的契合不是屬於開放性的問題，所以，即使顧客此時沒有太多想表述的想法或說法，也算他本來就會有的反應，此刻，你應該一步一步跟著對方的理由，一次確認一件事，重新建立契合後，對方的心門才會打開，訊息也才進得去！

「很好，王太太，在我離開之前，我想先請教你幾個簡單的問題。」

——一旦重新建立契合，即可運用嵌入式指令來架構與重新鋪陳你的銷售訊息。然而，直述型的表達與說明是最差的方式，卻也是最多銷售人員使用的方式。

「OK！」

——你已得到對方意識上的認同，同時，其回應的方式亦在可掌控的範圍。現在，你可以大膽並小心的繼續前進。

「投資房地產本身是一項投資，而不是消費，是吧?!」

——這是一種重新架構的策略，每當你得到的防禦性理由或購買障礙阻撓你繼續前進時，即可將不利於銷售的語意、內容與情境，透過重新架構，以重新定義其語意或內容，而重新定義的內容必須是較無爭議、彼此都認同的意義，同時，又在對方知識認知的範圍。在這裡，因為顧客一開始就認為退休金規畫是一項「額外」花費，必須動用「額外」的花費，而他們不想多花錢；沒錯，花費就是花錢，而花錢就是花費，買東西的預算只有一筆，既然買了房地產，就不能再花錢買退休金規畫；真是再簡單不過的邏輯；這個邏輯所產生的定義並不利於銷售人員，所以，你必須重新定義這整個邏輯，而最簡單的方式，就是從顧客給你的拒絕理由開始。

「它是投資，不是消費，沒錯。」

——賓果，你成功的重新定義了第一個起始點，接著，如法炮製，你會得到相同的反應。

「而投資是為了賺錢，對不對？」

——花錢是損失所得，投資是為了創造利潤，猜猜哪一個較易引起興趣？哪一項容易引起防衛系統？

「那當然囉！」

——你可以從語氣上觀察得到顧客較易接受的定義，表示意識上正在脫離其原本的防衛性狀態，而逐步轉向對彼此雙贏的基礎上。

「而房地產投資，其獲利來自兩個基本方向，一是賣得一個好價錢；另一個，則是出租，讓別人來幫你們繳房屋貸款，而所有權仍是你們的，對不對！」

——衍生性的做法屬於擴充策略的一種，在催眠治療中亦常使用，例如：「注意樹上滴下來的露水，清涼的感覺從頭擴散，露水滑落到哪個地方，那個部分就開始放鬆，你的眉宇、眼睛、眼皮，完全的放鬆，你不能控制水滴滑落的方向，任其滑落吧！它到了你的嘴角，沒有任何張力，完全的鬆弛，盡情享受這種清涼、舒適、放鬆的感覺……」

「沒錯！」

——擴張性的策略是在對方意識認同的道路上前進，而認同則是建立在顧客知識、經驗上了解的「常識」，既是常識，則無任何可茲爭議的地方，你就可以一路順暢前進。

「所以，不管投資房地產或做退休金的規畫，它們都屬於『投資』而非消費，你說是吧！」

——一旦透過重新定義這兩項所謂的支出並非消費，而是「投資」時，隨即會產生戲劇化的轉變。

「應該是！」

——這是更進一步的認同。

「很好，王太太，既然都是投資而非消費，一個是投資在房地產，另一個是投資在退休金的規畫上，它們不都屬於投資未來嗎?!」

——在顧客認同的基礎上擴張並衍生認同的範圍，同時，亦將原本顧客的「二擇一」式選擇，轉變成是一項選擇，這是一種「合併語言模式」。

「是沒錯。」

——合併語言模式在這裡的運用常會使顧客有一種「找不出有什麼可以向你說『不』的地方。」同時，它也有使人產生些微困惑，卻又豁然開朗的感覺。

「既是投資未來，那就沒有『花錢』的問題；既無花錢的問題，哪裡又有預算的問題；一項獲利與兩項獲利，哪一個對你們比較有利？」

——只要認同的基礎延續，你就可以在適當的時機提出選擇，使顧客選出對他有利的決定。

「當然是兩項比較有利。」

——顧客總是喜歡做出對自己較有利的選擇。

「為什麼呢？」

——當顧客做出選擇後，別急著說明或提出解決方案，此刻，最好是強化對方「要」的動機，沒有「要」的動機或動機不足，再好的說明都徒勞無功，這不會是你樂於見到的！

「誰都想魚與熊掌都可兼得，那是最好的狀況。」

——這位顧客不想錯失任何可獲利的投資機會，只要不是花錢消費，她都可接受，這一點你應該一開始就察覺到；因為她選擇投資（房地產），而捨消費（退休金規畫），在策略上除了建立契合外，更必須運用重新架構來扭轉顧客的認知。

「那你覺得什麼時候讓未來利益到來比較好，是越早越好，還是越晚越好？」

——剛才是動機導引，而這裡則是讓顧客自己講出「要」的時機，你總是會在此階段得到你想要的回應。

「我知道了，也許我們應該重新再想想，怎麼做比較好。」

——雖然已經扭轉了顧客從消費到投資的認知，顧客還是小心翼翼的回應，既不代表拒絕、卻也不表示ＯＫ，這是這類型顧客的典型反應，只要你沉得住氣，以顧客的利益為出發點，再加上一點點策略上的協助，自然能夠水到渠成。

「王太太，你已經知道怎麼做，對你們的未來利益是最好的了。」

——當潛在顧客表示：想想怎麼做比較好時，那就代表他已經知道怎麼做是比較好的了，只是表意識的些許干擾，你可以略過表意識干擾，直接進入對方潛意識，透過描述即可，所以，「你已經知道怎麼做是最有利的」會促使其潛意識的欲望與動機被確認。

「現在，你們只要『做到』就行了！」

——這是一個直接型指令，適合用在已完成建立契合的階段，其功能則表現在潛意識會遵行直接給予的行為或行動，只要是符合顧客被扭轉後的認知上。

「照我們之前所建議的，你心中或許有個概略的理想數字，這筆預算是投資在你們的退休金上；按照之前的試算，你知道該怎麼做，對你們的退休生活，是最有利的吧！」

——直接給予如何做到的行動步驟，是緊跟在潛意識已接收到「做到」的指令，知道為什麼要做的動機與時機，別忘了如何做到的步驟提示，以作為完成交易時的階梯。

「好吧，那就按照之前計算的方式與數字吧！」

——你瞧，顧客不是早就知道怎麼做才是對他們最好的嗎！

請牢記：銷售情境是由銷售人員塑造的。

本章重點：

一、最成功的企業家，往往也是最成功的推銷員。

二、成功的企業家與銷售人員之所以能創造巨額財富，就在於他們勇於實踐夢想，不計所付出的必要代價。

三、顧客的防衛系統與抗拒皆來自表意識，而購買欲望則來自潛意識。

四、對產品功能的需求性並非銷售時的萬靈丹，因為這世界上有至少四分之三的人不是依據需要做決定，而是以個人的喜好做為購買時的依據，你或你的家人、朋友當中，有沒有任何人買了一直用不到的東西，而且還樂此不疲的！

五、銷售時，對顧客的意識表達興趣，通常比只是談商品功能要有效得多。如果你是「需求分析」的忠誠信徒，這世界也只有近四分之一的人是依實際需要去做決定的，顯而易見的是，你會損失幫助其他四分之三的人擁有你的商品與服務的機會。抱持開放的態度與適度的彈性，會是給自己最大的恩賜！

第三章

掌握致富與突破的焦點

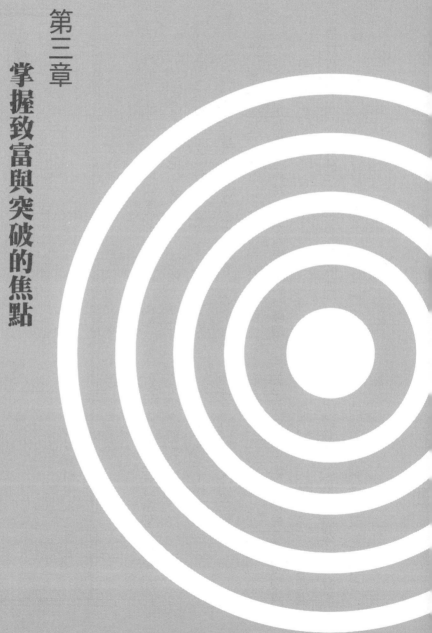

成功錦囊：

焦點是不容模糊的，聚焦什麼，你就得到什麼。

——威力行銷研習會創辦人　張世輝

你努力且認真的準備銷售說明的內容、顧客需求分析的方向，並想著如何在開場時就給對方一個無法拒絕你的理由，最後，還是只能成交開發顧客群的百分之二十。這二八定律（即20／80法則）就像是孫悟空頂上的頭箍，怎麼樣都甩不掉它，無論你怎麼努力；多增加拜訪量、用贈品誘惑顧客、人情攻勢，你還是只能成交開發顧客群的百分之二十，這還是理想狀況！再差一點就是一跟九，最糟的，莫過於零跟十！沒有成交，或成交率低，是銷售人員耗損戰力與陣亡（離職）的最主要原因，卻也是最令銷售領導人、企業主與教育訓練人員頭疼的事。因為，無論如何，他們都不能保證你一定能透過銷售致富與成功，不管在你接受面談時他們提出多少誘因與數據，或是透過潛能激發的訓練、心靈成長課程的精心策畫，即便他們深深觸動了你的最末梢神經，讓你覺得自己無所不能，他們依然不能保證你的成功與收入；相信我，到現在，我仍常遇到每天很快樂、一個月卻賺不到一萬五仟塊臺幣的業務員，每天興奮的像隻麻雀一樣活蹦亂跳，花一堆時間去談心理問題，不只自己沉迷其中，誰的眼神與他交會，誰就是他輔導的對象，連救國團的張老師、生命線的輔導員都望塵莫及！

什麼人的心理問題，他都能解決，唯一無法解決的，是他自己身為銷售人員，產值低落的問題。

也許每個人的價值觀不同，我完全尊重每個人的自我價值。只是，身為銷售人員，若不追求高產值的績效，充分利用時間去學習如何幫助顧客得其所欲，得到並擁有你商品的好處與服務，還有什麼值得我們去學習與追求的？

在銷售事業上，所有的學習，都是為了創造更高的利潤，就算是經營慈善事業，也必須要有超強的募款能力，否則，就沒有任何慈善與受益者可言了，不是嗎？

你的成績就是你專注的結果

大部分的銷售人員，在其銷售事業上，並未做好致富或成功的準備。如果以銷售總

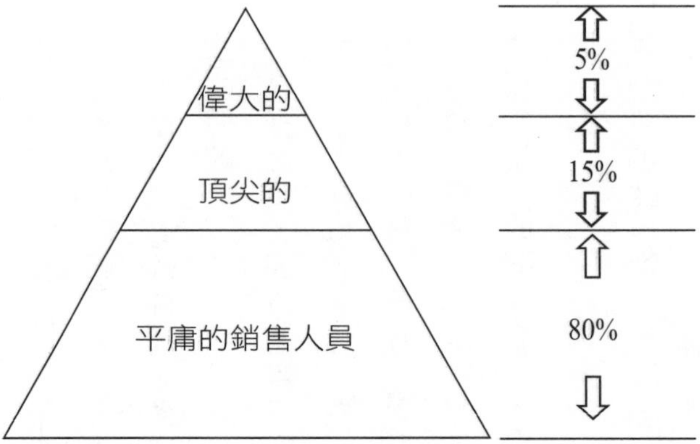

人口估算，約占百分之八十的比例，他們擁有的是平庸的想法，不認為自己能夠具有舉足輕重的影響力。

他們有各式各樣聽起來「不得不」使他們保持平庸的理由，而沒有一個理由能讓你反駁他，就像「我雖然是銷售人員，然而我以家庭為重，我沒有那麼多時間可以投入銷售……」。很經典吧！或是，「我的年收入去年就已經有三百萬了，我覺得這樣就贏很多人，而且我也沒多餘的時間與精力……」。有一個銷售領導人告訴我，「我現在要全力發展組織，要帶人，我不想再做銷售，做了太久會倦怠，我只要徵員就好了……」。一個自己對銷售都產生倦怠的人，怎麼吸引銷售高手從事銷售呢？真是拿磚塊砸自己的腳，自找苦吃；你會跟一個不喜歡銷售的人去從事銷售、共創成功之道嗎？我可不願意！

因此，你可以說，平庸的自我認知帶來平庸的想法；而平庸的想法延伸出平庸的做法，平庸的做法，當然只能帶來平庸的成績。對於有這麼一大群人「努力」的為自己保持平庸所付出的心力，真是達到令人匪夷所思的地步。

找到突破的理由與做法——頂尖的銷售致富之道

頂尖的銷售人員總是能找到使自己成為或保持頂尖的理由，他們視競爭為前進的動力，熱愛挑戰，並熱中學習；他們不輕易的接受顧客口中的「不」，他們會想盡一切辦法讓你要。當平庸的銷售人員面對同一個顧客說了一或兩次「不」，就準備棄械投降，並向其主管說明無法成交的原因時，頂尖的銷售人員正循著一絲絲可著力的銷售空隙，持續奮戰，他們不是和顧客戰鬥，而是與自己的惰性奮戰，堅持一遍又一遍的找到顧客非要不可的理由，而這樣的人格特質所造就出的銷售成績，自然使其成為頂尖的銷售人員。然而，偶一為之達成高績效不稀奇，如何持續站在高峰才是真功夫！這也是為什麼頂尖銷售人員約占百分之十五，而「偉大」的銷售人員只占不超過百分之五的原因。畢竟，能夠連續十二年，每一天都平均賣出六部新車的業務員，自八〇年代至今，也就只有喬・吉拉德。而連續三十二年，每一年都賣出超過十億美金保單的喬・甘道夫也是，全世界到目前還找不出第二個。因此，這也就讓許多銷售人員寧願「保持平庸」，因為，挑戰性太大了，他們怕給自己「太大」的壓力。這又是一個聽起來「不得不」的理由了。

你願意突破自己嗎？

頂尖與偉大的銷售，來自於更高的自我期許與設定

「自我突破」是所有人類學習過程中，最具挑戰性的一連串過程。知識本身不難學習與建立，君不見，在你的產業中，擁有專業知識與經驗的人一堆，數都數不完；而擁有頂尖成績的卻很少！不但如此，擁有頂尖成績的人不但不多（否則怎麼能稱為頂尖呢?!），能夠持續創造嚇死人的績效，並且不掉下來的偉大銷售人員則更是鳳毛麟角，少得可憐！

然而，這卻不代表你不能學習如何自我突破，是吧！

案例㈠無效的話術

「你的說明很清楚，我先去比較比較其他家再說吧，等我比較完了再告訴你我的決定。」

「你想比較哪幾家呢？」

「嗯，這我也不清楚，反正你就給我一點時間，比較好了再跟你說。」

「既然你也不知道要比哪幾家，那你不妨告訴我，你要比較些什麼呢？」

「唉呀，你就別再問了，我現在比較忙，過一段時間再說。」

「其實這份退休金規畫是絕無僅有的，它不但可以固定利率，而且還不受通膨影響，同時又能存你的退休金，你在別家是找不到的，你為什麼不今天就簽呢？」

「我回去再和太太商量一下，再告訴你答案。」

「這樣吧，看你太太什麼時候有空，我再和她碰面說明。」

「我太太比我還忙，她可能沒時間見你。」

大部分的銷售人員很難不像這個案例中的銷售人員一樣，習慣性且直覺的掉進每一項聽來「不得不」去解決的問題中，而使自己陷入萬劫不復的泥沼！為什麼會這樣？

因為你讓訓練及制約過的腦袋被「設定」了一個或數個這類程式，一有購買或銷售問題，就必須追根究柢，好好的去把問題挖出來，再一個一個去解決它，而這個程式的設定邏輯是：每個問題都有一個相對性的答案；問題被解決之後，就沒有問題了，沒有問題，潛在顧客就會採取購買行動。所以，你必須去解決每一個顧客提出的問題，不論是對商品功能的問題，或是對公司、品牌、銷售人員，以及其他族繁不及備載的問題！而真實的情況當中，十有八九會演變成上述的例子，越嘗試著解決問題，問題就越多；銷售周期就越長，而潛在顧客的防衛性就越高，你就越想要進一步探究他的問題，真是沒完沒了。重點不在問題與答案本身，而在於結構；就像拿凱撒沙拉的配方與原料，卻要做出起司蛋糕一樣，連邊都沾不上！

案例㈡有效的策略

「你的說明很清楚，我先去比較比較其他家再說吧，等我比較完了再告訴你我的決定。」

「王先生，你說的一點都沒錯，你真的應該好好比較，而且不止是比較兩家，應該是這個產業的每一家，你知道為什麼嗎？」

「……不是很清楚。為什麼？」

「因為每一家所設計的退休金規畫都不盡相同，而每項不同的設計都有其不同的功能與好處，當你才比較完這一種，市場上就又有號稱更新的規畫出爐了，而你只要一聽到有新的規畫，你就自動會改變心意，因為你怕自己吃虧了，不是嗎？因此，你真正要擔心的，不是要去比較其他家的規畫，而是怕自己做錯了決定，而有所損失，是吧！」

「……嗯，我想你說的沒錯。我是擔心自己做錯決定，因為這不是一筆小數目，更何況，年期也滿長的。」

「所以，你真正關心的是：你要如何做出正確的決定，讓你的錢安全無虞，同時既能累積退休金、又能帶來高額的保障以及穩定的利率，這才是你真正要的吧！」

「沒錯，這才是我真正要的。」

「恭喜你，王先生，你現在終於知道怎麼做，對你的退休金規畫是最有幫助的了，來，讓我們一起來完成擁有退休金的簡單步驟。」

為什麼有效？

「你的說明很清楚，我先去比較比較其他家再說吧，等我比較完了再告訴你，我的決定。」

——把顧客所表現出的遲疑當作是理所當然的，說實在話，你就不會陷入泥沼中。然而，這並不是一件容易的事；與人們「直覺」的反應模式來看，百分之九十五以上的銷售人員會一頭栽進去「處理」或「解決」銷售的阻礙；在基本定義上，這尚未構成銷售的阻礙，頂多只能算是異議，什麼是異議，就是「不同的意見」。

每個人對同樣一件事可能都有不同的意見，沒什麼好大驚小怪的！既然不是阻礙，只是不同的意見，那就不用去「處理」或「解決」，你所要做的，只有一項，那就是：

「王先生，你說的一點都沒錯，你真的應該好好比較。」

——這是語言上同步的策略，其目的為與顧客站在同一陣線，而非「問題——解答」的對應結構，這就不會產生對立性。因為一旦發生對立性，不管你的解答內容是什麼，你和顧客就自動進入對立性結構，對銷售不利。因此，在這裡選擇同步的策略，方有同理心之效果。

「而且不止是比較兩家，應該是這個產業的每一家！你知道為什麼嗎？」

——同步策略的延伸性使用，常會使聽者「失去平衡」而造成模式阻斷，意指顧客習慣性的發展行為被阻斷後，原行為將不再繼續發展。

「……不是很清楚。為什麼？」

——這是被模式阻斷後的自然反應，同時，亦能迅速轉換對方的意識，而不至於停留在原先的防禦狀態。

「因為每一家所設計的退休金規畫都不盡相同，而每項不同的設計都有其不同的功能與好處，當你才比較完這一種，市場上就又有號稱更新的規畫出爐了，而你只要一聽到有新的規畫，你就自動會改變心意，因為你怕自己吃虧了，不是嗎？」

——你將其比較比較的預期心理給合理化，一旦合理化，就是「站在對方的立場看事情」，既然是站在對方立場，就代表是某種程度的契合；因此，你可以說，建立契合與同步，是銷售策略中最重要的過程，特別是針對主觀意識較強、有先期的防衛性以及過去有不愉快的購買經驗上。而此處的合理化過程也為下一個重新架構鋪路，所以，它實際上是一種雙重束縛。

「因此，你真正擔心的，不是要去比較其他家的規畫，而是怕自己做錯了決定，而有所損失，是吧！」

——這是重新架構的轉折點，有了前述的合理化顧客想「比較」的先期心理，而產生同步與契合後，你就可以重新定義原有的「比較」指的並非是字面上的比較、或即將付出行動的比較。仔細推敲所有比較商品的潛在顧客，其背後的主要動機，不都是「擔心做錯決定」、「怕買貴了」、「搞不好有更好的功能、更便宜的價格」、「萬一被騙了怎麼辦」之類購買前的恐懼與不安嗎！訓練自己不要只聽或看表面的症狀就做出結論，越早下結論的銷售人員，其銷售事業的生涯就越短。因為，明明有成交的機會，卻被太早下定論，而無法衍生新的銷售施力點。

「……嗯，我想你說的沒錯，我是擔心自己做錯決定，因為這不是一筆小數目，更何況，年期也滿長的。」

——你能清楚的看到，與顧客建立契合、重新定義其比較性行為後所產生的「化學變化」，顧客變得溫和，而且也較能配合你的銷售定義，因為你所定義的，就是他心中所想的，沒有理由對自己所想的「合理化」理由產生抗拒，不是嗎？

「所以，你真正關心的是：你要如何做出正確的決定，讓你的錢安全無虞，同時既能累積退休金、又能帶來高額的保障以及穩定的獲利，這才是你真正要的吧！」

——成交，總是在契合的狀態下產生的自然回饋機制。你重新整理過之前的定義與雙方皆認同的描述，再以口語直接描述出重新定義的「反面意義」，這裡的「反面」指的是：擔心做錯決定↓（反面）↓要如何做出正確決定；害怕錢有所損失↓（反面）↓讓你的錢安全無虞；覺得年期太長↓（反面）↓才能長期儲蓄累積退休金；要花一大筆錢↓（反面）↓這就是高額的保障與穩定的獲利來源。最後，再確認：這才是你真正要的吧！

你猜，會得到什麼回應？

「沒錯，這才是我真正要的。」

——這就是你會得到的回應。

本章重點：

一、身為銷售人員，不追求高產值的績效，充分利用時間去學習如何幫助顧客得其所欲，得到並擁有你的商品好處與服務，那還有什麼值得我們去學習與追求的？

二、頂尖的銷售人員總是能找到使自己成為或保持頂尖的理由，他們視競爭為前進的動力，熱愛挑戰，並熱中學習，他們不輕易的接受顧客口中的「不」，他們會想盡一切辦法讓顧客「要」。

三、偶一為之達成高績效不稀奇，如何持續站在高峰才是真功夫！

四、知識本身不難學習與建立，在你的產業中，擁有專業知識與經驗的人一堆，而擁有頂尖成績的卻很少！

五、學習，不只是為了增進專業知識，更是為了「自我突破」。

第四章 遠離抗拒的泥沼

成功錦囊：

為什麼要引起顧客抗拒後，再去想怎麼解決？你應該一開始就讓他無法抗拒。

——威力行銷研習會創辦人　張世輝

我經常被問到一個類似這樣的問題：「我的顧客說，投資型保單的報酬率太低，而且還不一定會賺，我不如把錢拿去投資股票賺的還多得多，尤其是，既然都不保證賺錢的情況下。」

有從事傳銷事業的學員問道：「潛在顧客說，不吃你們的健康食品，我一樣非常健康，我的醫生看了健康檢查報告，都說我這把年紀了，還這麼健康；連醫生都覺得賺不到我的錢，我哪裡還需要吃你們的健康食品。」

從事英文套裝教材銷售的學員說：「潛在顧客大部分都認同學英文的重要性，也覺得小孩子越早學越好，但是，還是會碰到一堆有理說不清的家長，特別是家境還不錯，然而教育程度不太高的家長。他們老是說：『你看，我除了會講bye bye以外，其他英文都不通，還不是照樣生意做的嚇嚇叫，哪有像你們說的那樣，說不懂英語的孩子未來就沒有競爭力？你看我們家像是沒有競爭力的樣子嗎？英文學校老師自然就會教，為什麼還要花十幾二十萬買你們的教材，沒必要嘛！』」

解決顧客抗拒最有效的方式，就是不去解決它！

然而，傳統的銷售認知卻不大能接受這項驚為天人的論點，甚至許多經驗豐富的銷售人員「誓死」捍衛他們過去賴以為生的銷售認知，這是完全可以理解的。他們也沒錯，所以，他們總是能成交開發顧客群的百分之二十左右，這還是理想狀況！（喬・甘道夫的成交率是百分之五十，如果他那一年成交十億美金保單的生意，同樣那一年，他亦失去十億美金的生意，只是你沒看到而已！）至今，我尚未遇見或訓練過成交率超過喬・甘道夫的銷售人員，或是業務主管與領導人！這意思是說，你不能只為了維持現有銷售成績而感到自滿，若你的銷售成績平平或時好時壞，也不用感覺欲振乏力，因為，記住這句話，凡事都有更好的解決辦法，絕對不只是我們過去所學所做的。這句話出自愛迪生，你也可以這麼告訴自己！凡事都有更好的解決辦法，如果有，我不妨把它找出來！就是這種精神，才造就了一個成功的發明家與偉大的企業家。

問題並不在問題本身

為什麼要等引起潛在顧客的抗拒後，再去想如何解決它呢？這是我在一九九七年創辦研習會時，常常想到的問題。為什麼每家公司、業務團隊、業務領導人、銷售技巧的訓練與各項理論都深愛著「如何處理顧客抗拒」的議題而樂此不疲，許多的銷售話術皆據此發展出顧客們知之甚詳的答客問。部分企業甚至引進了「需求分析」的銷售工具，看似萬靈丹的銷售架構，卻還是維持著百分之二十的成交率，沒啥長足性的進展，大夥兒卻死抱著不放！

試想，你會給任何一位理財或保險顧問真實的財務狀況嗎？你得先看這傢伙是否值得信任吧？有另外四分之一的人還要看看他們喜不喜歡面前這位顧問；有時（這也是常常發生的事）在還來不及表明你的來意、展現你的專業前，潛在顧客就已經向你說不了！你可能會想，你的公司、團隊或領導你入門的師父，怎麼就沒人教你或提醒你：建立信任感與讓顧客喜歡你是門學不完的功課呢？也有人說，真誠與讚美就是建立信任感的良方。不過，那些銷售成績只能糊口或產值低落的銷售人員，難道就少了真誠與讚美了嗎？聽起來怪怪的，邏輯不通。

因此，不要只為那原來能做到的成績學習，真正值得深入探究的，是你失去的百分之八十的潛在顧客與績效，原來的know how做到現在的成績，但想要得到新的突破性成績，你得學習新的做法！想想看，你如何用每個月賺三萬塊的做法，拚了老命一個月想要賺到三十萬呢？同理可證，你用一個月賺三十萬的做法，怎麼努力也做不到一個月賺三百萬。要多賺原來的十倍，你得找到支援十倍成績的做法，然後去學習如何執行這套做法，重複至它奏效，你才算真正實踐了新的成功銷售法則！

抗拒的成因

顧客的抗拒從何而來？答案不止一種，有的是因為過去有不甚愉快的購買經驗，所以自然依據經驗法則，衍生出抗拒心態，而你，就成了代罪羔羊，自認倒楣！

而有些卻因為你去拜訪或銷售的時機不對，打斷了他正在進行的工作而產生反感！另外有些人是因為瞧不起做業務員的，他們覺得自己高高在上，所有銷售人員都應對其三跪九叩，甚至卑躬屈膝的地步，否則生意就不會給你做！當然，也有些人害怕花錢，一碰到銷售人員，準沒好事，「又是一個要來賺我錢的傢伙！」所以，不會給你好臉色看。同時，原來有些有購買意願的潛在顧客，在耐心聽完你的說明後，覺得你太愛自己的產品，卻忽略了他們真正關心的問題與期望，而對你客氣的說「我再考慮考慮！」也有些潛在顧客害怕自己的某些問題被揭露，例如找到財務缺口而有自卑感，因此，倒不如一開始就拒絕你，免得你又像上次「那個」銷售人員一樣，再搬出需求分析或人格特質分析那一套，「我幹嘛讓你分析，好像把人看穿一樣；我才不想讓你得逞！」有些是因為銷售人員喜歡賣弄專業術語，以顯示自己的專業功力；這沒什麼不對，只是，大部分的顧客都不吃這一套！為什麼？怎麼會有人會買自己聽不懂的東西？當然，有的銷售人員專業不足，而顧客覺得你尚未準備好，「我才不當第一隻白老鼠！」他心裡想著。而新進的銷售人員在見到潛在顧客時，總不免呈現出生澀感，即便你將商品說明公版背的滾瓜爛熟，潛在顧客卻想著：「我都不知你在這一行能做多久？怎麼敢向你購買！」你的說明就如一陣微風吹過，卻未留下任何痕跡。有些從原職場轉戰銷售業、尋求事業第二或第三、四、五、六春的銷售人員，再回頭去「開發」過去的老同事或朋友時，大夥兒焦點也很難放在商品說明上，百分之九十的時間，他們心中大部分都在想著「原來穩定的工作你不做，為什麼要去拋頭露面當個業務員呢？」然後，你邊說明與介紹服務及產品功能，他們一邊假裝很專心的聽，趁你彎腰從公事包、資料夾中抽取契約書或試算表時，他們已經偷瞄了牆上的時鐘，足足有三次之多——第一次偷瞄是沒看清楚幾點了；第二次再瞄一眼是不相信自己的眼睛，怎麼已經講了快兩小時；第三次定睛一瞧，想想你也該離開了，該用什麼方式才能讓你不覺得尷尬而自然的離開，不再回頭呢？

案例㈠無效的話術

「這樣聽起來報酬率實在太低了，跟我的股票與外幣投資比較起來，我還不如把同樣的錢放在能產生更多效益的地方，而且，還不用等那麼久。」

「話是沒錯，不過，股票投資或外幣雖然投資報酬較高，但是高利潤必是伴隨著高風險，有時賺，有時賠，而這份退休金規畫是既保本，同時又能抗通膨，完全不會有賠錢的機會，股票買賣就不一定了。你也可以撥出原有投資預算的一部分來存自己的退休金，那也不錯啊！」

「我和我太太討論一下再說吧。」

「其實，通常另一半是不會反對你存退休金的，以後這些退休金也是你們一起使用，您太太應該不會反對。」

「嗯，可是我最近有另一個投資標的需要用到錢，等過一段時間再說吧！」

「退休金是越早存越好，這種完全無風險的方式不是比較安全嗎？我有很多的顧客一年就存超過一百萬，他們都很認同這種累積退休金的方式。」

「我還是和太太討論後再說吧。我待會還有點事要辦……」

在《催眠式銷售》的種種策略中，常常強調同步與契合的實際運用，上述的例子就只呈現出一位銷售人員運用傳統的說服與推銷話術，對除了原有能成交的百分之二十外，另外百分之八十不奏效的實況。這意思是說，並不是每一種「標準式」的推銷話術、商品說明、抗拒處理……等等過去的銷售依據皆適用於每一種潛在顧客，以及每一種銷售實況；這也是「標準化」的銷售訓練方式與內容，在一遇到非標準化、不可預期的銷售情境時，所會面臨的限制。這也是為什麼你可能要重新學習並架構較具彈性與效果的新策略的原因。畢竟，沒有人想要有所損失，可以增加百分之六十～八十的銷售新成績，並帶來比過去多三～十倍的收入，何樂而不為？

現在，讓我們一起來看看，《催眠式銷售》的策略性運用如何扭轉局勢。

案例(二)有效的策略

「這樣聽起來報酬率實在太低了，跟我的股票與外幣投資比較起來，我還不如把同樣的錢放在能產生更多效益的地方，而且，還不用等那麼久。」

「我了解你的意思，你說的一點都沒錯，像你一樣的投資專家，最寶貴的就是經驗，由實際投資所產生的經驗，每一次都不一樣，充滿不確定性卻又讓人懷抱著無限希望。哦，對了，你知道全球靠投資致富的專家，一談到投資理財，就會有三項共同的標的，你知道是哪三項嗎？」

「……當然是哪邊有錢哪邊賺囉。」

「沒錯，因此，全球靠投資致富的專家們，一談到投資理財，就有三項共同的標的，你知道是哪三項嗎？」

「不清楚，可能有不同的標的吧?!」

「這三項標的分別是：

1. 對『錢』的投資：如投資股票、基金、公司債、各種外幣與衍生性金融商品。
2. 對『物』的投資：如房地產、寶石、黃金、古董等等與物件有關的投資。
3. 對『人』的投資：如各種保險所產生對人的保障、風險控管、租稅規畫等。」

「對『物』的投資我沒什麼研究，可能你懂得比我多，對『錢』的投資你已經持續在做了，就像全球的投資致富專家一樣；然而，他們都懂得以錢滾錢，財富倍增的同時，也一併加碼對『人』身的投資，否則，不是擺明了人不如錢嗎?!因此，當他們的財富倍增的同時，除了持續對錢的投資外，他們也一併增加對『人』的投資；這也包含了如何保全資產。透過對『人』的投資，更能做到使財富不致被各項稅賦給抽稅，達到既能投資，又能合法保全資產的效果。這才是這些富翁們之所以如此富有的主要原因之一。你本來就很會投資，你的投資利得與總資產應該會產生各項稅的問題吧？」

「嗯，是有稅的問題。」

「只是有大部分都尚未發生，然而，卻不代表未來不會發生，因此投資利得無論境內、外都得課徵所得稅；你的財產贈與給子女就會產生贈與稅；當有一天你離開時，財產繼承人都必須繳交遺產稅；這不是光靠懂得投資就能省掉的；你有任何的合法節稅之道嗎？」

「好像沒有。」

「那可以合法節稅，同時又保有你的財富，你要，還是不要？」

「當然要啦！」

「為什麼呢？」

「我辛苦賺來的錢幹嘛要給別人用！該繳的稅我一樣也沒少，能省我當然也要省。」

「那你是現在就有時間，及早做好規畫比較好；還是等事情發生，想規畫也來不及了再說？」

「這還用問，當然是現在。」

「這就是為什麼要對『人』做投資的原因了。現在，讓我們一起來看看，要怎麼做，才能真正保有你的財富，以及合法的保留資產。」

「好，那要怎麼做？」

「在我談完如何規畫後，你要依照所有的規畫步驟一步一步來完成它，有些人喜歡拖延，以為問題不管它，它就會自動消失不見。」

「你放心，我不會這樣。你說吧，要怎麼做？」

為什麼有效？

「這樣聽起來報酬率實在太低了，跟我的股票與外幣投資比起來，我還不如把同樣的錢放在能產生更多效益的地方，而且，還不用等那麼久。」

——這是在銷售說明前未弄清楚顧客曾有過的理財經驗與習慣的反作用力；如果你在銷售說明之前，沒有蒐集訊息的習慣，就容易產生這類型的問題。萬一發生了，第一步，不是找出他必須規畫的理由，更不是重複強調商品利益，顧客聽不進去，怎麼講都沒用；因此，最佳策略，自然是「建立契合」！

「我了解你的意思，你說的一點都沒錯，像你一樣的投資專家，最寶貴的就是經驗，由實際投資所產生的經驗，每一次都不一樣，充滿不確定性卻又讓人懷抱著無限希望。哦，對了，你知道全球靠投資致富的專家，一談到投資理財，就會有三項共同的標的，你知道是哪三項嗎？」

——面對一位自認為投資經驗豐富的潛在顧客前，如果想與他「華山論劍」一番，無疑是兩敗俱傷，萬萬不可；因此，就建立契合的角度來看，倒是可以充分運用對方過去引以為傲的投資經驗。這與讚美不同，有的讚美屬於社交性，並非事實；而根據事實所進行的描述則不同，它沒有社交性的虛假感，倒因描述的為「過去曾發生或現在正在發生的經驗」，使被描述者（這裡指的是潛在顧客）一方面被讚美，一方面也認同你的讚美。「**像你一樣的投資專家，最寶貴的就是經驗……**」相對於顧客所說：「**跟我的股票與外幣投資比起來……**」，這是一種對應式的描述，有點像跳雙人華爾滋一般，一跟一隨。

一旦建立起經驗上的契合後，下一步，即可運用前述的同步基礎，影響顧客原來由經驗建立起的意識型態，亦即為：既然你有豐富的投資經驗，那麼，你可能應該知道全球投資致富的專家們都懂得三項投資標的，藉由這項議題來運用其本身過去的經驗，同時，也能轉移對方意識上的注意力，使其離開原有的封閉空間，而進到另一個有利於接受訊息的象限。

「**當然是哪邊有錢哪邊賺囉。**」

——這代表他不知如何回應卻又不得不回應的典型反應，給你與自己一個安全且又無爭議性的答案。然而，既然要回答，就要有三個答案，他只回答了一個，同時，他也未正面回應，而又不想承認自己不知道，否則，就不符合投資專家的身分了，不是嗎？

「沒錯，因此，全球靠投資致富的專家們，一談到投資理財，就有三項共同的標的，你知道是哪三項嗎？」

——語言上的同步所產生的契合感，將有利於在互信的氣氛下進行互動；由於你尚未得到對方應該有的反應，因此，你得想辦法重新「再來一遍」，可曾聽過「有耐心的人，總是會得到他所想要的一切。」這句至理名言嗎？

「不清楚，可能有不同的標的吧?!」

——這就是你要的反應，一種「不清楚、不知道，而又想知道並確認」的反應。以作為其意識轉變的檢測依據，因為，他一旦開始思考你的問題，特別是與他的經驗或身分相關的問題時，他的注意力即被有效的轉移了。

「這三項標的分別是：

1. 對『錢』的投資……

2. 對『物』的投資……

3. 對『人』的投資……」

——在這個階段，所使用的是「抽離」的策略運用，將投資標的一分為三。同時，再將對方過去的經驗一分為三，再分別定義每一項的內容與代表性標的。尋求三項標的在本質與內容上的認同後，即可將顧客的經驗分配至各項標的，看看它符合哪一項標的，又有哪些是不在原來預期的標的內，然後，剩下的標的即為你可銷售的施力點。

對「錢」的投資是在他經驗範圍之內的；對「物」的投資則不在你們彼此討論的範圍；對「人」的投資是你的切入要點，同時，亦不在他原來認知範圍之內。因為不在原來認知之內，所以，自動會引起其意識上的注意，讓人覺得似乎疏漏了些什麼，而人們對於身邊有的空缺，有一種自然去填補的欲望；同時，也不太會有防衛系統存在於這一塊空缺。將你的說明焦點置於這一區塊上，會讓顧客轉移原有的焦點，而開始關注自己未被滿足的空缺。

「你本來就很會投資，你的投資利得與總資產應該會產生各項稅的問題吧？」

——這是一種延伸性的運用，從「人」的投資（他較未注意到的投資標的），延伸至由錢的投資所產生的稅務問題，也屬於抽離策略的運用。

「嗯，是有稅的問題。」

——他沒有投資的問題，因為他自認是個投資專家，而你重新定義了專家皆應注意的幾項標的，而他也自動認知到投資專家如何廣泛的運用投資，而所有的投資利得，皆會產生稅務的問題，而「專家」對於問題，則有非修正不可的「天性」。

「只是有大部分的尚未發生，然而，卻不代表未來不會發生，因為投資利得無論境內、外都得課徵所得稅，你的財產贈與給子女就會產生贈與稅；當有一天你離開時，財產繼承人都必須繳交遺產稅；這不是光靠懂得投資就能省掉的。你有任何的合法節稅之道嗎？」

——你表明了稅務產生的時機與情境，什麼狀況下會有什麼稅，而一個懂投資的專家就應該要懂得保全資產的方法。

「你有任何的合法節稅之道嗎？」

——是讓他自己意識到問題何在；而在心理層次上，產生想要去解決問題的念頭。

「好像沒有。」

——一旦意識到問題存在，就得檢測其是否已經有任何方式去解決了，「沒有」才想要「有」。

「那可以合法節稅，同時又保有你的財產，你要，還是不要？」

——既然沒有，就會想要有。所以，確認了問題後，同時也要確認問題被解決後的期望，又稱為「願景」。只有確認問題而不確認願景，銷售施力點只有一個，如果再加上願景的確認，施力點就多了一個，你的命中率就大多了。

「當然要啦！」

——他要的是願景，問題被解決後的願景。也代表他的意識被成功轉移至一項真正吸引他注意的議題。

「為什麼呢？」

——在顧客講出什麼是他要的之後，切記，要探詢他要的動機，讓他自己說出他要的動機與理由，他要的理由越充分，就越強化要的動機！

「我辛苦賺來的錢幹嘛要給別人用，該繳的稅我一樣也沒少，能省的我當然也要省。」

——顧客自己說出要的理由，同時，又是完全平衡式的合理性理由，「能繳的稅一樣不少，能省的我一樣也不放過。」他正在為自己這麼做找出正當性。

「那你是現在就有時間，及早做好規畫比較好，還是等事情發生，想規畫也來不及了再說？」

——有了要的動機後，接著，就是規畫的時機點，讓顧客自己選擇規畫的時機點，在銷售的成交時機上，才不至於產生拖延的狀況。

「這還用問，當然是現在。」

——這也是自然會產生的答案，誰想要在財務上有所損失呢？

「這就是為什麼要對『人』做投資的原因了。現在，讓我們一起來看看，要怎麼做，才能真正保有你的財富，以及合法的保留資產。」

——當顧客自己說出要的理由與要的時機後，就是解決方案呼之欲出的時候。

「好，那要怎麼做？」

——調整顧客的意識至你能有效傳遞銷售訊息的狀態，換句話說，絕不要在顧客產生「要」的欲望前就談論到商品內容與細節。

「在我談完如何規畫後，你要依照所有的規畫步驟一步一步來完成它，有些人喜歡拖延，以為問題不管它，它就會自動消失不見。」

——取得顧客為自己的問題尋求解決方案的行動承諾，你不希望銷售過程中節外生枝吧；這一段後暗示可選擇性使用，特別是針對猶豫不決的顧客，既是可選擇性，就代表不是每一位顧客都必須這麼做。

「你放心，我不會這樣。你說吧，要怎麼做？」

——你重新取得一個完美的戰略位置，不再處於「挨打」的地位，這也是《催眠式銷售》的各項策略值得我們去一再學習與練習、運用的價值所在。

本章重點：

一、解決顧客抗拒最有效的方式，就是不去解決它。

二、要有突破性的績效與收入，就要有突破性的做法與想法，你不可能用一個月賺三萬塊的做法，拚老命一個月要賺一百萬，賺三萬塊的銷售策略與一百萬的策略是截然不同的！

三、為什麼要等引起潛在顧客抗拒後，再想辦法去解決？君不見，百分之九十以上的抗拒處理，都會產生更多抗拒的理由與心態?!

四、抗拒，是一連串過去的歷史、經驗與大部分的錯誤評論所產生的心理狀態，是人類汲汲尋求速食答案，而未全盤了解下的偏差認知，去處理那樣的偏差，無疑是在「糞坑裡與風作浪」，彼此都不會有好下場！

五、抽離，是一種分解與稀釋顧客抗拒的絕妙良方，同時，亦能在不碰觸對方的防衛系統下順利轉移對方的抗拒意識，並使其產生「要」的欲望。

第五章
顧客要的是「被啟發」

成功錦囊：
成功機率，不過是連續行動下的產物。

你的銷售是否具有「啟發性」？對顧客而言，傳統的銷售說明似乎已漸漸不能滿足其想要購買、或立即購買的行動！原因似乎也顯而易見，你會說明與介紹的內容，你的同行也會；你擁有的專業證照，對方也不遑多讓。因此，我很好奇，除了滔滔不絕的推銷話術與令人眩目的「包裝式」說明外，到底，還有哪些法寶，是你該用卻還沒用上的？我也像消費者一樣，接到銀行理專的電話，就會有一般人的制約反應：「又來了！這是我今天接到的第六通電話」，每家銀行理專對顧客說的推銷辭令，猜猜看，有無任何的差異？

或多或少，曾經我們可能有過「被啟發」的經驗，被啟發的人，都有過類似的體驗，「喔，原來是這樣，我懂了，這真是不簡單，還好有你（指銷售人員），不然我還真不知道怎麼處理，沒錯，這就是我要的。」

你大概最想聽的，就是最後這句話！

啟發顧客的購買動力

何謂「你的銷售是否對顧客而言有啟發性？」啟發性的銷售內容，與說明功能或好處有些什麼不同？你又該如何利用具啟發性的銷售內容，來驅動顧客沉寂已久的購買動力？

要談到你的銷售方式與內容是否具有啟發性的源頭，就不得不感謝大部分銷售人員被訓練成商品解說員的角色，而解說商品的過程又太過「冗長」，一冗長就容易讓人感覺沉悶，顧客一感覺沉悶，注意力就容易分散，注意力分散……你就出局了！

如何讓你的銷售具啟發性，而能讓顧客眼睛為之一亮、耳朵豎起來仔細聆聽呢？

首先，我們必須先定義何謂具「啟發性」的銷售內容；它至少應該要能滿足以下基本屬性：

1. 要有新鮮感：過於陳腔濫調的內容絲毫引不起顧客的興趣；因此，我常聽銷售人員說：「顧客聽我說明時都沒什麼反應，冷冷的，面無表情，我也猜不透他在想什麼，怎麼會這樣？」如果你也曾遇過這種情況，並且是在「需求分析」之後，注意，那很可能是你的說明方式與內容了無新意，也或許是這種說法他已經聽過太多人講述，只不過，他原本以為你的表達可能會有些不同，應該可以讓他興致盎然，然而，又是一次令人失望的經驗。

善用引喻的力量

要讓顧客有新鮮感很簡單，多利用故事、引喻來代替冗長的刻板說明，一個「年複利百分之二的報酬率」可以被替換成「猜猜看，冰山露出海平面的體積大，還是在海平面下的體積大？」「海平面露出的那一塊是你投資的本金，海平面下所累積的是露出來體積的好幾十倍，這就是該理財工具的好處，然而，真正重要的是：要給它時間，冰山不是一天造成的！不是只有羅馬！」與其說「隱藏資產」，不如說「冰山露出來的是錢，在水底下的更多」，然而，它卻隱而不見，沒有任何人或機構可以動得了它，這就是「隱藏資產」！

2. 要有教育性：新一代的銷售說明必須讓顧客感覺有教育意義，而不只是背背功能與利益或單純說明內容本身就好；如果事情真的那麼簡單，光靠說明功能就能成交，那豈不太小看銷售人員的價值了嗎？教育性不是指一定要有高深的學問與賣弄專業名詞，那麼做只會將顧客嚇跑！而嚇跑顧客，對你可沒有任何好處。讓顧客有「學習」的感覺，通常也就自動會產生被教育的體驗。與其告訴顧客說：「這種複合式的健康食品富含多種天然酵素，能讓你排便正常，做好體內環保，這真的是非常棒，我自己就是最好的見證。」聽起來都是直述性的說明，顧客並未感覺有任何教育意義，換句話說：就是「沒什麼特別的！」換一種表達方式，使其感覺有渴望「被教育」的興趣，自然就會產生更有效的銷售接觸面。「你是否確定你體內的某些毒素每天一定都能排泄掉？」「如果不確定，你如何能確保自己的健康？」「你知道酵素在體內會產生什麼作用嗎？」「你希望它能幫助你進行體內清道夫的功能，保持身心健康嗎？」「你不知道怎麼做？讓我來告訴你，這是怎麼做到的？」

3.要有驅動力：任何的銷售接觸與說明，若不能讓顧客產生購買行為，就是無效的銷售，而無效的銷售，損失的不僅是金錢，更包含顧客對你的信任感，因為，你絕對不會跟一個你不相信、不喜歡的壽險理財顧問投保、或做任何的財務規畫；你更不可能與你不信任、不喜歡的領導人共創事業，無論他所提供的創業計畫有多好！在銷售為主的商業世界裡，唯一能解釋商業運作模式的，就是將產品與服務賣出去，「除非成交，否則什麼也沒發生！」無論你先前努力付出了多少時間與心力，採取無以計數的銷售接觸及行動，很抱歉，沒有成交，就全都沒用，管你是不是考了兩百五十張理財規畫師的證照，上了多少堂理財或租稅規畫的專業課程與訓練；成交，不僅是你及所有銷售人員、企業主在想的事，也是最重要的一件事！「我是內勤行政人員，成交不關我的事，那是業務的事，我是領薪水的。」當心，下一個被裁員的，就是抱持著這種心態的上班族。為什麼？想想看，所謂的「薪水」是怎麼來的？那些財務發生問題的，領不到薪水的工作者是怎麼回事？企業經營，沒有利潤，就是罪惡！產品銷不出去，公司就沒有收入，沒有收入，哪來的薪水？產品怎麼賣出去？靠銷售人員囉！你甚至可以從歷史的角度來說明，工業革命的成功靠銷售，更有甚之，連美國的建國史，都有人說是靠業務員呢！

因此，如果你的說明不具「驅動力」以驅動顧客的購買行動，那就讓懂得怎麼做的銷售人員來幫助顧客採取行動。屆時，與主管開二十個業務檢討會議，想找出原因來修補，也沒啥用處，因為顧客早就不見了！

成功關鍵在銷售前的準備

要找出能促使顧客購買行動的驅動力，就必須在銷售前的準備中下功夫，而不只是在面對顧客時的說明內容上，你的說明內容若要能精確的「命中」顧客的購買意願，就得事先準備好，而準備的方向不光是商品專業知識，更重要的，則是對顧客的深入研究與了解；而那絕不只是財務需求分析而已，那屬於另一範疇，不在本章討論範圍之內。然而，你若想知道怎麼準備，方能精準命中，你可直接上www.powerselling.com.tw或E-mail給我：power.sale@msa.hinet.net，我將很樂意與你討論！

如何使顧客對你說「要」

啟發式銷售是一種全新的銷售思維，它並非傳統的推銷技巧或話術，而是如何使顧客向你「要」！這種與過去一百年所建立起來的銷售思維所設計出的銷售方法截然不同。「如何使顧客向你要」與「如何向他推銷」是一種相對或者說：顛覆性的想法，而顛覆性的想法自然會延生出顛覆性的各項做法，進而產生突破性的成交率。問題在於，你是否願意拋棄舊的銷售思維，重新學習建立新的、更有效的銷售系統，以迎接未來擁有突破性績效與利潤的你（或你的業務團隊、公司）！真正的挑戰往往不是創新知識本身，而是人們是否擁有一個夠開放的心胸，及重新學習的態度，以接納所謂的創新！

改變顧客之前，先改變自己

你的潛在顧客也許正在想著：怎麼還是這一套！你們（指銷售人員）就不學習改變一下，老想著怎麼改變我，真是浪費我的時間！

所以，你拿什麼改變你自己呢？如果說：百分之八十的顧客一開始會拒絕的，不是你的產品，也不是你的價格，而是你的表達方式！那麼可以確定的是：你的銷售方式對百分之八十的顧客而言，是否無法達到「啟發」的效果呢?!

案例㈠無效的話術

「我想把上個月跟你買的保單退掉，你可以幫我處理嗎？」

「退掉？為什麼要退，不是已經簽好了嗎！怎麼又要退了呢？」

「我先生的一個同學也在同業，他說可以退我們全額的佣金，而且因為與我先生是好同學，就不賺我們的錢，純粹服務！兩相比較之下，我先生自然就找他同學囉！」

「可是，是我在他之前談的啊，不然，我也退你佣金，你們不要契撤，更何況，已經過了十天的契撤期，現在契撤會有金錢上的損失。」

「那我不管，你就是要把錢還我，不然，我先生會抓狂的！」

「這哪有可能，根本不符合公司的規定，本來契約上就有註明，十天內是可以，簽了要保書，過了第十天，就不可能會全數退還保費啊！」

「你看，我就知道吧！你們銷售時是一回事，顧客有問題時，錢就死都退不回來，不管，你還是要負責。」

「我怎麼負責？契約是這樣簽的，我只能這樣辦，你要不要再考慮一下，或者我把佣金退給你。」

「不行啦，我先生跟他同學講好了，你是要我被人家罵嗎！不要害我。」

不知怎麼回事，銷售時所產生的問題或危機就像個海上的漩渦，自動吸附了銷售人員的精力與時間，又似乎脫離不了而沉溺其中；銷售過程中，成交並不代表案子被close，許多人以為，成交這個字眼（從英文字close翻譯而來），有種被誤解為「完畢、完成」一個交易的感覺，而一個case既然已經close，就代表已完成了銷售；這實在是一大誤解，一個case成交後，不是銷售就到此停止（stop），而是開始（start）服務與關係建立的起始點！如果你沒重新建立好從「成交就是服務與關係建立的開始」，那麼這樣的「程咬金」就會層出不窮，甚至抵消掉你之前的努力而得不償失！

有些顧客的反應正好提供了銷售人員對「人」的專業知識上的考驗，你也許考過各種專業理財證照、房仲證照、保險經紀人證照，連幫顧客做股票交易也要考證照。一堆以健康食品為主的傳銷商要上營養學的課，甚至考營養師證照；美容保養品的銷售與美容課程要考各級美容師執照……然而，你考過對「人」的專業知識證照嗎？沒有?!公司也沒有人會教你對人的專業知識是什麼，如何運用在銷售、談判、領導統御上？為什麼要學習並建立對「人」的專業知識？想想看，你銷售時，開發的對象是誰？你尋找事業夥伴時，徵員的對象是誰？你是一位業務領導人，你帶領的事業夥伴、下線（或稱家人）、Agent是誰？答案只有一個，他們都是「人」，你怎麼可能只具備商品專業、創業計畫的專業，而不具備對「人」的專業還企求能突破呢？

案例㈡有效的策略

「我想把上個月跟你買的保單退掉，你可以幫我處理嗎？」

「沒問題，那只是程序上的處理，我立刻就可以幫你處理，只需幾個工作日就行了！」

「等等，你都不問我原因嗎？」

「原因通常不外乎幾項：有的是說家人反對，有的覺得太衝動，也有競爭對手為了爭取生意，違法退佣的；還有人覺得盈虧自付有風險，不想承擔；更有突然失業的，在簽完要保書三天內。什麼原因都有可能，有時候不處理還好，一處理起來，第一個破壞的，就是和顧客的關係，氣氛都弄僵了，沒有必要！我重視的，是你，任何事情或問題，都不能破壞我們之間的關係與友誼，所以，無論如何，我都會尊重你的決定，不管那個決定是什麼！」

「唉，你這麼說，我真是很為難，真是不好意思，其實是這樣，我先生的一個同學也在做，他知道我們在你這邊做好規畫後，就跟我先生說，基於同學的立場，他可以把佣金退給我們，純粹服務，不賺我們的錢，我先生一聽，就叫我把你這一張給退掉。」

「我懂了，那你的意思呢？」

「我原本想，那就退掉吧！可是，聽你剛才這麼說，我就又有一點猶豫……」

「我已經說過，不管你的決定是什麼，我都尊重；然而，有幾個重點我想先確認一下：第一個，告訴我，你如果要喝到既營養、又好喝的牛奶，是否要餵牛吃很好的牧草？」

「那是一定的！」

「很好，如果你都不給牛吃很好的牧草，也不給牠任何養分，你還能喝到營養又好喝的牛奶嗎？」

「當然不能！」

「那麼一個為了搶業績的銷售人員，不管他是誰，寧願違反市場的公平交易法，只為了能『攔截』一件交易，並大言不慚的說：純粹服務！請問，你們把他要吃的牧草都拿走了，他還有何理由會提供所謂的『服務』！而一半以上的理賠或服務糾紛，都是這麼來的！所以，你們得要問問自己：做這份理財與降低人生風險規畫的初衷是什麼？是為了那份佣金嗎？」

「當然不是！」

「很好，如果你不會為了看似占了短期利益的便宜而犧牲掉長期真正的利益與好處，那麼下一個重點就是：假設你們真的解約、並向對方投保，經由顧客告訴銷售人員，對方以退佣金做為收買顧客的手段，那麼，這就違反了法律上的公平交易法，我不需要知道是誰，也能夠很簡單的查出來，一切只要交給司法調查就行了，若查證屬實，對方的工作可能會有問題，而我卻不確定你們簽訂的合約是否有過程上的瑕疵，因此，你要問自己的第二個問題是：這麼做所付出的代價，值得嗎？」

「……聽你這麼一解釋，還真不值得！」

「下一個重點是：我知道你們在測試我，看看我是不是一個合法且又站在顧客立場看事情的人，我知道你們不可能去做得不償失的事，而我的人格與所堅持的事業價值，不知是否已通過你們的測試了呢?!」

「哪裡的話，我們當然相信你，你放心吧，我會跟我先生說清楚，以免得不償失！」

「至於你先前提到的那位同業，若真有其人，哪天不妨讓我與他碰個面，也許我們可以彼此交流、互相學習，哪天，搞不好他也會滿喜歡與擁有正面做法及價值觀的團隊共同攜手合作，這也是好事一件，你說是吧！」

「哦，聽起來也有道理，哪天我介紹你們彼此認識一下。」

「真的謝謝你，有任何在財務規畫上需要我的地方，請立刻告訴我！」

為什麼有效？

「我想把上個月跟你買的保單退掉，你可以幫我處理嗎？」

——顧客購買後的反悔時有所聞，沒啥好大驚小怪的，所以，放輕鬆，微笑以對，只不過，要顯得輕鬆，你得有相對應的策略才行！

「沒問題，那只是程序上的處理，我立刻就可以幫你處理，只要幾個工作日就行了。」

——不要笨到去探究原因，在剛開始碰到購買者的反悔時，首要之務，就是將阻力最小之路找出來，所以，先看看你有哪些策略可以用；語言上的契合與同步會是個不錯的開始。

「等等，你都不問我原因嗎？」

——當一個人原來已經做了決定購買，而事後又反悔，通常，他會事先想好一個或數個理由，其目的為將自已的反悔「合理化」，因此，若你不去探究原因，通常也就「打破」了他原先計畫好的模式，即向你提出為什麼反悔的理由。特別是他早也預想了好幾次你可能會有的反應。因此，同步策略在這裡也有模式阻斷的效果。其症狀則為：不知如何反應，有時會想將原先預想好的情境重現，從「你都不問我原因嗎？」就可知道端倪！代表他早就準備好理由，就等著你開口問！而你的策略要有效，就必須在對方不知情的情況下方能奏效。

「原因通常不外乎幾項：有的是說家人反對，有的覺得太衝動，也有競爭對手為了爭取生意，違法退佣的；還有人覺得盈虧自付有風險，不想承擔；更有突然失業的，在簽完要保書三天內。什麼原因都有可能，有時候不處理還好，一處理起來，第一個破壞的，就是和顧客的關係，氣氛都弄僵了，沒有必要！我重視的，是你，任何事情或問題，都不能破壞我們之間的關係與友誼，所以，無論如何，我都會尊重你的決定，不管那個決定是什麼！」

——你依舊不按牌理出牌，因此，整個情境瞬間逆轉，看似居於弱勢的一方，也能因勢利導，借力使力！銷售人員此時並未直指問題核心，不去探究問題產生的原因，而著重在對於購買者的反悔，不管那理由是什麼，我都尊重的立場，同時亦闡明這麼做與不這麼做的理由；其目的皆為契合感的建立，結構上是一種同步的策略：我支持你的反悔，阻力最小之路通常就偏向很難反悔上。

「唉，你這麼說，我真是很為難……」

——這是同步策略在結構上產生回饋的正常反應，使其反悔的立場動搖，而不再如之前的堅定。

「真是不好意思，其實是這樣的……」

——結構上的回饋當然也在前段的（各項問題描述中）內容而預料得到，因為你描述了其他人造成反悔的各項原因，卻沒說他們的問題，因此，系統的力量就接著反射回他們自己的真正問題上。

「我先生的一個同學也在做，他知道我們在你這邊做好規畫後，就跟我先生說，基於同學的立場，他可以把佣金退給我們，純粹服務，不賺我們的錢，我先生一聽，就叫我把你這一張退掉。」

——這也許是問題的來龍去脈，然而情況未明，自然不可妄下結論。

「我懂了，那你的意思呢？」

——不妄下結論有個很大的好處，你可以將混沌不明的狀況弄清楚後，再選擇你該怎麼做比較有效。她剛才講的是「別人」，沒說她自己，而現在則是她本人在和你對話，所以，你必須探測她的想法與可能性做法是什麼。

「我原本想，那就退掉吧！可是，聽你剛才這麼說，我就又有一點猶豫……」

——她的立場搖擺不定，也就是不再堅持原先的想法，代表開始接納你的「同步」，然而，程度上還不夠，你必須在同步策略上再加把勁，直至整個情勢完全逆轉。

「我已經說過，不管你的決定是什麼，我都尊重；然而，有幾個重點我想先確認一下：第一個，告訴我，你如果要喝到既營養、又好喝的牛奶，是否要餵牛吃很好的牧草？」

——你一邊採取契合感建立的策略，一邊開始找到可影響對方的施力點，而這個施力點不是對方之前能預期的。選擇一則引喻倒是能夠分散其反悔的注意力，同時，亦能使其自己「感覺」到所做所為造成的負面效應，採取「間接」描述，引喻中的牛代表努力工作的銷售人員；牛奶代表顧客要的商品好處與服務；而牧草則代表顧客所付出或投資的代價。

「那是一定的！」

——第一階段的引喻已獲得對方的認同。

「很好，如果你都不給牛吃很好的牧草，也不給牠任何的養分，你還能喝到營養又好喝的牛奶嗎？」

——第二階段的重點，是使其察覺原有行為的反作用力，終將打在自己身上，採用間接手法可避開對方的表意識防衛網，而潛意識則完全接受。

「當然不能！」

——你得到第二階段的正面回應，那也是策略上回饋。

「那麼一個為了搶業績的銷售人員，不管他是誰，寧願違反市場的公平交易法，只為了能『攔截』一件交易，並大言不慚的說：純粹服務！請問，你們把他要吃的牧草都拿走了，他還有何理由會提供所謂的『服務』！而一半以上的理賠或服務糾紛，都是這麼來的！所以，你們得要問問自己：做這份理財與降低人生風險規畫的初衷是什麼？是為了那份佣金嗎？」

——你提出了事情的來龍去脈（藉由描述顧客之前的語氣及內容），在某些聽起來順理成章的內容上（不賺你們的錢，退佣金，純粹服務），以重新架構的方式定義了這三者之間的關係，並進一步指出了「順理成章的矛盾所在」。之前的引喻再加上現況的重新定義，顧客要不改變也很難，因為，你讓他看到、聽到、感覺到這整件事對他們自己造成的反作用力，而原先他們卻以為是對自己最有利的反悔與決定。

「當然不是！」

──你讓他自己推翻了反悔的基石。

「很好，如果你不會為了看似占了短期利益的便宜而犧牲掉長期真正的利益與好處，那麼下一個重點就是：假設你們真的解約、並向對方投保，經由顧客告訴銷售人員，對方以退佣金做為收買顧客的手段，那麼，這就違反了法律上的公平交易法，我不需要知道是誰，也能夠很簡單的查出來，一切只要交給司法調查就行了，若查證屬實，對方的工作可能會有問題，而我卻不確定你們簽訂的合約是否有過程上的瑕疵，因此，你要問自己的第二個問題是：這麼做所付出的代價，值得嗎？」

──提出事實是使其了解他們的一個小決定（反悔及反悔的理由）將在結構上造成哪些反作用力！而目的為使其維護自己與對方（競爭者）的主要長期利益，並確認長期利益絕對勝過眼前的誘惑。

「……聽你這麼一解釋，還真不值得！」

——這是重新站在顧客、競爭者的立場，讓原有的情境翻轉過來的最好證明。你也取得了顧客信任的通行證。

「下一個重點是：我知道你們在測試我，看看我是不是一個合法且又站在顧客立場看事情的人，我知道你們不可能去做得不償失的事，而我的人格與所堅持的事業價值，不知是否已通過你們的測試了呢?!」

——之前顧客將「反悔」合理化的過程，你也可以在此階段如法炮製，所以，你重新合理化他們的反悔及退佣事件為「對你的人格與事業價值的測試」，其目的為使他們不因此事而覺得顏面無光，因為他們這麼做是為了看看你是否「夠格」來幫他們做好財務及風險控管的規畫，而對方也就自然「有臺階下」！

「哪裡的話，我們當然相信你，你放心吧，我會跟我先生說清楚，以免得不償失！」

——你給顧客臺階下，顧客自然會知道怎麼做，對自己及大家才是最好的！

「至於你先前提到的那位同業，若真有其人，哪天不妨讓我與他碰個面，也許我們可以彼此交流、互相學習，哪天，搞不好他也會滿喜歡與擁有正面做法及價值觀的團隊共同攜手合作，這也是好事一件，你說是吧！」

——你的顧客需要「被」教育，才懂得保護自己的長期利益。而提出退佣的同業則更需要被「教育」，以維護其自身的銷售權益和身為銷售人員應有的銷售尊嚴！

「哦，聽起來也有道理，哪天我介紹你們彼此認識一下。」

——不論是真是假，全面性的照顧到整個銷售環境，也會使顧客感覺到你的細心，至於他們是否真會介紹你們彼此認識，端視你自己有多想要與對方見面，並尋求共同創業的機會，使之成為你的事業夥伴而定！

「真的謝謝你，有任何在財務規畫上需要我的地方，請立刻告訴我！」

——這雖然是句客套話，卻也有銷售後暗示的效果。

本章重點：

一、具啟發性的銷售不只來自於你的專業知識，更來自於你對日常生活的細節觀察，以做為用引喻取代冗長說明的依據，其目的為使顧客「一聽就懂」→「一懂就被啟發」→「一被啟發就知道為何要擁有你的商品與服務」→「一知道為何要擁有你的商品與服務就觸動顧客的購買神經」。

二、啟發性的銷售在基本定義上，具有「啟動與發現」的意涵。意思是說：一旦你「啟動」了顧客「發現」的神經，顧客就自動對新的發現啟動購買程式。

三、啟發性銷售的適用對象，通常都分布在以下幾種類型的潛在顧客上：

(1)經常被銷售人員「疲勞轟炸」的人。
(2)對銷售人員抱持敵意的人。
(3)對銷售訊息兩極化的人。
(4)自覺在專業上懂得比銷售人員多的人。
(5)不喜歡被說服的人。
(6)正在尋找「合格」銷售人員的人。

四、要學會具啟發性的銷售，就必須先學會它的基本屬性：

(1)要有新鮮感：你會講的銷售內容，九成以上的同業也都會，你自己會覺得所講的銷售內容具有「新鮮感」嗎?仔細檢查你的內容，看看有無任何可以重新改造的地方，才能吸引潛在顧客的注意力。

(2)要有教育性：新一代的銷售說明必須讓顧客感覺有教育意義，讓顧客有「學習」的感覺，通常也就自動會產生被教育的體驗。

(3)要有驅動力：要找出能促使顧客購買行動的驅動力，就必須在銷售前的準備中下功夫，而不只是在面對顧客時的說明內容上。你的說明內容若要精準的「命中」顧客的購買意願，除了需求分析，更要對顧客的購買意願、購買能力、決策模式、購買經驗與喜好等有所了解。

(4)啟發性銷售是一種全新的銷售思維，與過去一百年所建立起來的銷售方法截然不同，「如何使顧客向你要」與「如何向他推銷」是一種顛覆性的想法，而顛覆性的想法自然會衍生出顛覆性的各項做法，進而產生突破性的成交率。真正的挑戰，往往不是創新知識本身，而是銷售領導人、銷售人員與企業主，是否擁有一個夠開放的心胸，及重新學習的態度，以接納並實踐所謂的創新！

第六章

傾聽的力量——正確而有效的策略

成功錦囊：

銷售人員的戰場不在辦公室，而在顧客。

每個人都有被傾聽的渴望，現代建築與電子網路常將發送訊息做為設計主軸，卻少有以傾聽做為主要設計精神。因此，都市叢林裡人人都在發聲，一副「我有話要說，而且根本就說不完」的感覺！問題是，大家都在說話，那誰要聽你說呢？第一個設計出「傾聽娃娃」的人一定會大發利市——太多人急著講話，太少人聽你講話，真是奇妙的人類進化史！

想想看，把兩個耳朵變成一個，將一個嘴巴變成兩個，這個人，會變成什麼樣？你一定猜到了，沒錯，銷售人員拔得頭籌！為什麼？答案很簡單，他們太愛說話了，說話是銷售人員謀生的工具，許多企業倡導要傾聽顧客的聲音，卻沒有教導、或訓練銷售人員要如何聽？聽些什麼？以及該對傾聽的內容做出什麼樣正確的反應。直到現在，這些提倡要傾聽顧客聲音的企業或團隊，依然沒人提出傾聽對銷售人員的銷售過程有些什麼好處？他們教你一堆如何問問題的方法，卻沒教你該怎麼聽；結果是，一堆銷售人員變成了問話機器，（原來是被訓練成說明商品的機器），不過，銷售成績卻未有持續性的進步。

傾聽的誘因

你有聽過「傾聽，是銷售人員的謀生工具」這句話嗎？傾聽是一種「感興趣」的能力展現，當你對一個人所說、所做、所呈現的外在形式有興趣時，你會自動想要傾聽，傾聽這個字眼的基本定義為「用心聆聽」，但大部分人都以為是用耳朵聽，結果是，他們聽得到一連串的聲音與字面意思，卻聽不出真正的涵義。而太多人又習慣很快對字面訊息做出判斷與結論，想想看，當你的意思尚未真正的傳達清楚，對方就說：「我知道，你這個就是……」，你還會想告訴他心裡真正所想、所感受的嗎？

如果你經常聽到的顧客聲音，是拖延購買或拒絕的理由，那就更有趣了！有人說，傾聽可以建立友誼與信任感。八成以上銷售人員聽到的聲音皆為顧客不要的理由，他是聽了，只是並非他所想聽到的！這時候再來告訴銷售人員：傾聽顧客的聲音可以建立信任，猜猜看，這些銷售人員會有何反應？

如何傾聽？傾聽真的比說明重要嗎？

我在《催眠式銷售》一書中曾經將「傾聽顧客的聲音」專文說明，提出：銷售人員要聽的，是顧客「要」購買的聲音，而不是「不要」的理由！要做到這一點，你得學會有效的問話，在銷售上，當銷售人員問了顧客一個笨問題，他就會得到一個笨答案；反過來說，當銷售人員問了一個聰明的問題，就會得到一個聰明的答案！如果你經常得到顧客的回應是「不」，那你可能就……沒問題囉！只是，你單獨去學如何問「問題」的技巧可能會大失所望，因為人們不喜歡被問「問題」，尤其是銷售人員的問題。大部分人不喜歡被推銷，而這大部分人也都清楚，你為什麼要問他們問題。所以，真正的重點，好像也不是問問題，而是，如何誘發顧客想要、或說「要」的情境。對某些人而言，「無欲則剛」就彷彿表示什麼都不想要，所以他就什麼也不聽、什麼問題也不回答；搞得銷售人員滿臉尷尬，不知所云！對我而言，無欲的人，唯一想要的，就是「剛」這個字吧！即便修行者，也都藉苦行、修行以得道，所以，想要得到（道）所付出修行的代價，不也就是一種「欲」嗎？可能真的比較超凡脫俗吧！如果你開發的對象是這類型的人，就得要多費心、少費力了！

傾聽的由來

「傾聽」在銷售上的運用，來自於心理治療，因為，這是最早對傾聽做出專業註解的範圍；這不只單單聽人說話，對於心理醫師、催眠治療師而言，「傾聽」可是有著完全不同的註解。心理與精神醫師傾向從心理與精神層面將所聽到病人的語意分類，而根據他們所受的專業訓練，只要你稍一提高音量，你可能在被傾聽的記錄上，被分類為：有輕微的壓力症狀，你可能就得接受治療了！

傾聽的四大關鍵能力

其實，人們自古以來，就有想要向另一方傾吐心聲的互動行為，以發覺彼此的存在；這是一種「肯定自我」或「自我肯定」的呈現。不論你傾吐的內容是喜、怒、哀、樂，那都是一種尋求自我肯定的行為表現。也是一種向對方示好，以表示信任與建立友誼的社會化行為。因此，如果有顧客對你傾吐心聲、說出他的過去經驗、對產品的看法，通常也就表示，你得到他某種程度上的信任！所以，傾聽，不只要學會問對問題，更要擁有四大關鍵能力；這四大關鍵能力非同小可，你可一定要熟記、熟練、熟用，因為它們與你的銷售有效性息息相關！這四大關鍵能力分別是：

1. 聆聽重點：傾聽顧客聲音的第一步，是先學會聽重點。顧客想的是一件事，從嘴中說出來的卻往往並不一定完全是他所想的，有時，做出來的，又是另外一碼子事！當一個人想的和講的不一樣、而採取的行動也南轅北轍時，他想什麼或說什麼都不是那麼重要了！真正的重點是：他採取了什麼行動，那才是真實的意向！

有些人說了大半天，還是不知所云；如果你的顧客屬於這一類，恭喜你，你就可以好好磨練「聽重點」的能力！

所謂的重點就是：到底他在表達什麼，他真正的意思是什麼？為什麼他要這樣說？他和你講這些的目的是什麼？他在轉移你的注意力嗎？為什麼？這句話聽起來有無任何弦外之音？如果你實在聽不出重點是什麼？你就只能問他：「你的重點是……」。有時，你很容易知道重點是些什麼；然而，你還是要做到下一項關鍵能力。

2.重複確認重點：當你聽到那些從顧客口中說出的內容，並且弄清楚對方的重點時，你並不能確定那一定就是他所真正要表達的意思；而此時，若你驟然妄下結論，就有百分之五十犯錯的機率，你總不希望顧客認為你自做聰明、還判斷錯誤。果真如此，他怎麼敢相信你？

因此，傾聽的第二項關鍵能力，就是重複確認重點。重複確認重點時，你必須將重點分門別類，根據人、事、時、地、物等分類來描述，記住這個順序：先描述、後確認！而且，一次描述一項重點，而非所有重點一次說完再確認。為什麼要這麼做？第一個原因是：你既然已分類，當然就以分類後的項目一一描述，不然，何苦將重點分類呢？當你重複確認重點無誤後，下一步就是：

3.整合重點：這一關鍵能力的培養較具技術性，而所謂的技術性指的是：你要有整理出顧客所要表達的真正涵義的能力與耐心。有的人講的就是他所想的；有的人想的與說的完全不同；另外有些人根本就不知道自己在說什麼。有趣的是，他還能說得頭頭是道！然而，對照他現在或過去的行為，就知道他屬於哪一種情況了。最重要的是，整合能力與綜觀全局或推衍事情的因果關係是息息相關的！通常，也和你是否了解系統思考的能力有關。讓每一個單獨的訊息重點「串連」在一起，同時還能對顧客有所啟發，這種能力並非每個人都有！換句話說，要靠後天學習的。這樣的整合能力並非東拼西湊、沒事硬拗，而是在腦中形成一個環路圖，找到彼此的關連性與優先順序，以及所造成的影響。這樣的整合能力若培養得當，你的顧客就會變得非常信賴你，並在專業上持續仰賴你的銷售建議，而一個真正的專家形象，自然就深深烙印在顧客心中，任誰也搶不走這位顧客。當你懂得整合重點後，接下來，最後一項傾聽的關鍵能力就是：

4. 運用重點：仔細聆聽顧客所要表達的重點，然後重複確認這些重點；一經確認後，你開始整合與整理重點，找出它們彼此的關連性，以及它們對顧客所造成的影響；最後，你當然得好好利用這些整理過的重點，運用這些重點是使顧客自己影響自己做出購買決定的關鍵！這雖是最後一項關鍵能力，卻是最重要的關鍵能力！然而，你不能異想天開，以為可以跳過前三個步驟，直接做到第四步。為什麼？怎麼會有人不經過挑水、蹲馬步而直接學少林武功呢？若真那麼做，充其量，只是花拳繡腿，一上場，就不堪一擊，下場必定慘不忍睹！俗話說，關於練功一事，越怕麻煩就越麻煩！這話可一點也不假！記住，運用重點指的是：用顧客自己的想法、說法與做法來使他自己察覺問題或願景所在，而當顧客察覺到了，通常都會有短暫的沉默，伴隨著某種覺得不可置信的眼神與呼吸，然後你會發現，顧客的內心正在起變化，而內心的變化，會導致眼神的凝視力或焦點改變、隨之而來的面部表情及較放鬆的肢體呈現，彷彿告訴你：「你說得一點也沒錯，你說要怎麼做就怎麼做吧！」

人人都可以學習如何傾聽，卻未必每個人都做得到

比較麻煩的是，當你是屬於衝動型的銷售人員或領導人時，你會較無耐心去聽顧客講些什麼，更受不了冗長又毫無重點的談話內容，所以，常常在顧客的話尚未說完時，這類型銷售人員的心裡就如熱鍋上的螞蟻，雖然打斷顧客談話往往是不智之舉，卻常發生在衝動型的銷售人員身上！無論如何，你必須培養傾聽與接受的氣度；想讓顧客聽你說，就得先仔細聽他說！

當你聽到的是不利於銷售的訊息時，別急著解釋！耐心聽完，反駁式的對應方式通常是造成顧客不信任與抗拒的主要原因之一；不僅如此，如果顧客所講的並非事實，只是個人偏見或道聽塗說，也別急著想糾正他，也許你才是對的，然而，「贏得雄辯，失去訂單」的教訓在任何一個產業的銷售情境裡不時上演。在你「證明」顧客是錯的，而你是對的同時，先別太高興，你不是在參加辯論比賽，銷售沒有輸贏，只有有效與無效

之分！

案例㈠無效的話術

「之前的那個理財顧問已經不做了，他雖然和你不同公司，可是我還是覺得沒什麼安全感；所以，你也不用多介紹什麼，我沒太大興趣。」

「王太太，你放心，我不會隨便就離開這家公司，畢竟我們對顧客是有責任的！所以，你可以放心，像我服務過的顧客都很信任我，有的連親戚朋友都委託我幫他們做理財規畫。而且，你真的可以聽聽看這種投資型保單的內容，只是在我講解之前，我必須先幫你做些財務需求分析，這樣我才知道你的財務缺口與最大風險在哪，以你的年齡與收支情況，我才能算出最確切的數字。」

「我每次都聽到你們講同樣的話，你知道嗎，如果你講的是對的，每次分析完所做的規畫應該就已經很完善了，怎麼會在他們離職後，到了別家公司，又來談新的理財規畫？這不是很矛盾？」

「這聽起來是滿矛盾的，不過，你不用擔心，我不會這麼做，還是來談談你的收支情況，好讓我幫你做一份專屬於你的理財與保障規畫。」

「謝謝你，我不需要！」

假裝傾聽是失去信任感的開始，因為，第一，你聽不到重點；第二，你沒有真正的聽懂；第三，根本沒聽進去；第四，在既沒聽懂、又聽不進去的情況下，急著想對顧客銷售，不論你是要做需求分析還是商品說明，都是徒勞無功！所以，身為銷售人員或業務領導人要特別注意這句話：要讓顧客對商品有興趣之前，要先對顧客有興趣！

案例㈡有效的策略

「之前的那個理財顧問已經不做了，他雖然和你不同公司，可是我還是覺得沒什麼安全感；所以，你也不用多介紹什麼，我沒太大興趣。」

「怎麼回事呢？」

「他換到別家公司後，又來推銷這家公司的產品，我們原來已經買很多了，照他這種做法，那不是每換一家，我們就要重買一次，哪來那麼多錢？」

「所以……？」

「我們也不好意思當面拒絕他，就只好跟他說會再考慮考慮。」

「那麼，你們之前是怎麼向他購買原來的保障或理財規畫？」

「嗯，讓我想一下……，他那時候是先幫我們做財務的需求分析，然後才打了一份建議書，我們也覺得剛好是我們想要的，而且，說實在話，他也滿專業的，所以，我們就買了。」

「到現在多久了呢？」

「哦，已經有兩年多了。」

「他到同業後又過來談了一次，是嗎？」

「就是上個月，他說他剛轉到另一家，說這一家的商品比較有競爭力，對我們比較好，就像我剛才說的，如果每換一家，就叫我們買一次或轉換，那還得了，賺的錢都不夠繳每一家的保費，還要不要吃飯過活了！」

「我了解了，王太太，你的意思是說：你之前經過這位理財顧問的專業建議，在兩年前就做了完善的保障規畫，是嗎？」

「是啊！」

「然後，你會向他購買的原因，是因為他幫你做的財務需求分析後，所提的規畫內容剛好也是你所想要的，對吧?!」

「沒錯。」

「之後，他轉換別家公司，又來和你談到這家新轉進的公司商品比較有競爭力，對你們比較好，這是他說的，對不對？」

「嗯，一點也不錯！」

「然而，你認為，若是理財顧問每換一家公司跳槽後，都說同樣的話，做同樣的事，那你們也不用吃飯過活，所有錢都給保險公司跟理財顧問賺走了，是嗎？」

「難道不是嗎？要是你作何感想？」

「我想，我可能會比你更激烈一點，不會像你這麼溫和。」

「真的還假的?!」

「好了，王太太，我已經弄清楚來龍去脈，知道為什麼會說你沒太大興趣的原因了。現在，讓我來整理一下你真正的意思，你的意思是說，你認為，既然之前就已經做好完善的保障與財務規畫，哪裡需要再花錢重做？而且，每家產品都不一樣，不可能把錢都拿去繳保費，就算理財顧問再怎麼專業、換了再好的公司、有再好的產品也一樣，因為，有規畫，就已經是最好的規畫了！我如果說錯，你一定要糾正我，不要客氣！」

「你講得沒錯！」

「嗯，王太太，看來，你真的不用再做任何其他的理財規畫了，在我離開之前，我只想了解一件小事，你知道是什麼事嗎？」

「你不說，我怎麼會知道？」

「如果有保險公司幫你繳保費，你願意嗎？」

「哪有可能？你在說笑吧！」

「我既然問了，就代表做得到，所以，我再請教你一次，讓保險公司幫你繳保費，你願意嗎？」

「如果有這麼好康的事，那當然好囉！」

「你知道這要怎麼辦到嗎？」

「不知道，這要怎麼做？」

「我告訴你怎麼做，當然，我也告訴其他有和你一樣困擾的朋友，他們聽完後，立即就採取行動，擁有了一個代繳保費的工具，而且簡單的不得了，每個有保障與正常收入的人都做得到。」

「你快說說看，我有興趣。」

「我看了你先前的規畫，大部分都是純保障型的規畫，那位顧問在這方面做的很稱職，我想，你應該感謝他！至於他再和你談新的理財方案，你知道，他可能有了先前的經驗，或許就忽略了一些重要的小細節，比如，他談的投資型保單；這種保單的屬性有兩種，就如字面上的意思，投資加上保障。它有一定比例的分配，將你繳的保費一分為二，一部分投資在某些績效不錯、獲利穩定的標的上，如各種國內外基金；而另一部分，則投資在你的人身保障上。照過去兩年，我們公司的投資績效來看，保戶賺到的投資績效獎金，都足以抵繳部分的保費了；這麼一來，你實質繳的保費不就變少了嗎？而你原保障額度卻一點也沒縮水，告訴我，你是比較喜歡拿自己的錢繳保費，還是拿保險公司投資利得幫你繳保費，哪一個對你比較好呢？一還是二？」

「當然是二啦！」

「很好，那你現在是一還是二？」

「一！」

「你喜歡繼續自己繳保費嗎？」

「別開玩笑了，有選擇性當然選二囉！」

「很好，這類型的規畫也分兩種型態，一種是保本型，沒什麼風險，報酬雖低但固定利率；另一種是隨著市場投資風險波動，有賺有賠。賺，沒有上限，賠，就是分配到投資的本金變動，盈虧自己要負責。你可以自己選擇用哪一種。你想先聽哪一種呢？」

「第二種好了！」

「為什麼呢？」

「因為第二種比較有挑戰性，要選第一種，我就買張儲蓄險不就得了！」

「OK，我了解了，接下來，讓我來談談它的規畫型式，然後再找出適合你的投資數字，你完全清楚之後，也確定是你要的，我們再來完成規畫程序。」

「好啊，你說吧！」

為什麼有效？

「之前的那個理財顧問已經不做了，他雖然和你不同公司，可是我還是覺得沒什麼安全感；所以你也不用多介紹什麼，我沒太大興趣。」

——這位潛在顧客的焦點根本不在商品上，如果這時候銷售人員還將焦點放在解說商品上，下場就……其慘無比！只是，他表達的是一些表面症狀，而非真正的原因；在不明究理的情況之下，傾聽的四大關鍵能力就可派上用場，拼湊出事情或症狀形成的全貌乃為最高指導方針，因此，第一步，先對其表述的口語症狀表達興趣，則對方將自動「反射」形成症狀的原貌！

「怎麼回事呢？」

——就這麼簡單一句話，即足以使潛在顧客全盤托出、或一點一滴透露出事情原委，你也較不費力。

「他換到別家公司後，又來推銷這家公司的產品，我們原來已經買很多了，照他這種做法，那不是每換一家，我們就要重買一次！哪來那麼多錢？」

——當顧客從「我沒太大興趣」到與你談論過去的購買經驗或形成經驗的過程時，在催眠的運用上稱為「經驗回溯」；而當顧客正經歷回溯過去的經驗時，意識上呈現出的是一種初期的契合與信任，一旦略過他的表意識防衛系統，他也就沒啥防衛可言！

「所以……？」

——將所以的「以」字尾音拉長，是不是有種「你的話尚未說完、交代清楚」的感覺；同樣的，這是暗示對方多談一些過去的經驗與所衍生的感受。

「我們也不好意思當面拒絕他，就只好跟他說會再考慮考慮。」

——仔細聆聽他的經驗內容，你會很快就察覺這些經驗對其造成的影響，是怎麼回事；再從中找到可幫助其轉變的施力點。

「那麼，你們之前是怎麼向他購買原來的保障或理財規畫？」

——在催眠治療的運用上，進一步的經驗回溯通常伴隨著更深沉的入神（trance）狀態，這是指被催眠者被催眠的深淺度；更深沉的入神狀態來自於更細微的經驗回溯，當你帶領顧客回溯如「之前如何購買」的過程時，對方勢必將自己的感覺拉回至曾經發生過的情境。而此時，你會發現，顧客的「配合度」變高了。

「嗯，讓我想一下……，他那時候是先幫我們做財務的需求分析，然後才打了一份建議書，我們也覺得剛好是我們想要的，而且，說實在話，他也滿專業的，所以，我們就買了。」

——給對方時間，經驗回溯所涉及的時間越早，他所需回想或重新感覺到的時間就越長；等到他真的回溯了過去的一切，就「自動」進入催眠狀態。

「到現在多久了呢？」

——經驗回溯除了內容上的重現，當然亦包含了時間上的重現。

「哦，已經有兩年多了。」

——很好的回應。

「他到同業後又過來談了一次，是嗎？」

——這是人物的回溯，通常他會想起對方的長相、穿著，說話的樣子等，一切都是「自動」重現在其意識層。

「就是上個月，他說他剛轉到另一家，說這一家的商品比較有競爭力，對我們比較好，就像我剛才說的，如果每換一家，就叫我們買一次或轉換，那還得了，賺的錢都不夠繳每一家的保費，還要不要吃飯過活了！」

——到此所做的經驗回溯都相當順利成功，下一步，就重新將以上所拼湊出的經驗內容一一確認，而確認的同時，也等於在建立契合感。

「我了解了，王太太，你的意思是說：你之前經過這位理財顧問的專業建議，在兩年前就做了完善的保障規畫，是嗎？」

——這是第一次確認，包含了內容、時間，還有身分上的確認。

「是啊！」

——第一次確認無誤，即可進行第二次確認。

「然後，你會向他購買的原因，是因為他幫你做的財務需求分析後，所提到的規畫剛好也是你所想要的，對吧?!」

——這是在程序上的確認。

「沒錯。」

——第二次確認無誤。

「之後，他轉換到別家公司，又來和你談到這家新轉進的公司商品比較有競爭力，對你們比較好，這是他說的，對不對？」

——把時間拉近，第三次確認，同樣是在內容與程序上。

「嗯，一點也不錯！」

——第三次確認無誤。

「然而，你認為，若是理財顧問每換一家公司跳槽後，都說同樣的話，做同樣的事，那你們也不用吃飯過活，所有錢都給保險公司跟理財顧問賺走了，是嗎？」

——第四次確認則以顧客的感覺為依據。

「難道不是嗎?要是你會作何感想?」

——第四次的確認以顧客的感覺為主，所以，你得到的回應也是一種感覺的正面回饋;很顯然，他的感覺需要被「認同」，你也可以從他的回饋中察覺。

「我想，我可能會比你更激烈一點，不會像你這麼溫和。」

——經驗與感覺上的同步，將產生契合感，就好像是與他站在同一陣線。

「真的還假的?!」

——這是產生契合後的正常反應，因為你原來的角色在顧客的認知中，是與「那位」理財顧問一致的;然而，你卻把角色重新調整，變得與顧客「同一國」。

「好了，王太太，我已經弄清楚來龍去脈，知道為什麼會說你沒太大興趣的原因了。現在讓我來整理一下你真正的意思，你認為，既然之前就已經做好完善的保障與財務規畫，哪裡需要再花錢重做?而且，每家產品都不一樣，因為，有規畫，就已經是最好的規畫了！我如果說錯，你一定要糾正我，不要客氣！」

——整合你所蒐集與傾聽的經驗內容，在你確認過顧客所談的重點後，以作為運用重點的素材。整合的重點在於：你如何將確認後的重點做一整理與歸類，同時，亦有揣摩對方語意的成分；例如：「有規畫，就已經是最好的規畫了！」此語意上的描述勢必將在顧客心中烙下深刻的印象，其目的，不外乎產生直接的契合，同時，也將為下一步使顧客自己影響自己而鋪上平順的道路。

「我如果說錯，你一定要糾正我，不要客氣！」

——則為一種自我信心的展現，因為，你知道，你所整合描述的，都是顧客自己所透露的訊息，不但不會有錯，而且還完全正確！

「你講得沒錯！」

——顧客對於上述所呈現的訊息並無任何異議；同時，他也開始認同你所說的一切。然而，你仍然必須小心謹慎的前進，一次一小步，不但沒有風險，且離幫助他得其所欲的目標越來越近。

「嗯，王太太，看來，你真的不用再做任何其他的理財規畫了，在我離開之前，我只想了解一件小事，你知道是什麼事嗎？」

——這是一個適時誘導顧客產生好奇的時機，「看來，你真的不用再做任何其他的理財規畫了，」是一種持續性的契合感建立，再輔以「我只想了解一件小事，你知道是什麼事嗎？」來誘發其產生好奇與興趣，而大部分人都不知道那是什麼事，因此，你較能預測其可能有的反應。

「你不說，我怎麼會知道？」

——這是一個較有主觀意識的口語反應，帶點「我不知道是什麼事，但我不想承認，卻也不否認我有興趣想知道。」

「如果有保險公司幫你繳保費，你願意嗎？」

——你藉由提出一個較違反顧客消費常理的說法來引起注意，因為，前面「正常」體制內的銷售表達方式皆被其拒於千里之外，他早有防備，故選擇一個不在其防備內的說法；既不在其防備內，他就不知道如何防備。

「哪有可能?你在說笑吧！」

——一旦命中，其反應通常都在你可掌握的範圍之內。

「我既然問了，就代表做得到，所以，我再請教你一次，讓保險公司幫你繳保費，你願意嗎？」

——再一次確認對方的意願，此時，不須解釋細節，永遠先確認意願，第一順位的事，就不會排到第二順位以後。

「如果有這麼好康的事，那當然好囉！」

——很好，你終於得到一位原先有防備、主觀意識也較強的潛在顧客在「意識」上的成交，這並非一件簡單的任務，然而，卻也不是辦不到！

「你知道這要怎麼辦到嗎？」

——使其延伸好奇與興趣的策略，以加強其想要的欲望與動機。

「不知道，這要怎麼做？」

——他終於開口問要怎麼辦到了，表示之前的策略奏效，傾聽的前三大關鍵（聽重點、重複確認重點、整合重點）均一一奏效。

「我告訴你怎麼做，當然，我也告訴其他有和你一樣困擾的朋友，他們聽完後，立即就採取行動，擁有一個代繳保費的工具，而且簡單的不得了，每個有保障與正常收入的人都做得到。」

——這裡所呈現的是：純粹的銷售過程提示（或稱暗示）。提示中包含了：你聽完怎麼做後，自己很快就會擁有一個代繳保費的工具；因為，那些和你一樣有此困擾的朋友，也都是這麼做。並且，你也暗示：這項工具規畫起來（簡單的不得了），前面是暗示其並不孤單，他的困擾其他人也有，好使其有前例可循。後面的暗示則使其意識上接受有關任何完成此項規畫的過程都「再簡單不過」。另外，你亦暗示「只要有保障與正常收入的人都辦得到」，而他就是符合這項條件的人。

「你快說說看，我很有興趣。」

——當顧客表達高度興趣時，就代表前面的鋪陳不僅有效，而且還持續中。

「我看了你先前的規畫，大部分都是純保障型的規畫，那位顧問在這方面做得很稱職，我想，你應該感謝他！」

——先肯定他原先做的是正確的規畫，而不可像部分銷售人員，總是先批評競爭對手的產品，這只會使顧客更不喜歡銷售人員，等於打自己嘴巴！因此，適時適切的肯定顧客先前的規畫，同時也肯定幫他規畫的專業行銷人員，若為了搶case而去傷害同行，無疑是為自己挖墳墓！

「至於他再和你談新的理財方案，你知道，他可能有了先前的經驗，或許就忽略了一些重要的小細節了。」

——原先的理財規畫人員並未做錯，他只是忽略了某些重要的小細節，當「重要的小細節」這種矛盾式的語言出現時，越仔細聽的人，會越搞不清楚其真正的意思，其作用力會呈現在之後的反應中，屬於潛意識反應，他不至於開口問，卻不自覺的想要知道，到底什麼是「重要的小細節」。

「比如，他談的投資型保單；這種保單的屬性有兩種，就如字面上的意思，投資加上保障。它有一定比例的分配，將你繳的保費一分為二，一部分投資在某些績效不錯、獲利穩定的標的上，如各種國內外基金；而另一部分，則投資在你的人身保障上。」

——你將商品的定義重新闡述一遍，其目的為使顧客了解什麼是理財規畫？在你們這一產業中，理財是如何做的，整體大方向的定義得先弄清楚，才不致又陷入無法掌控的枝微末節中而無法自拔。

「照過去兩年，我們公司的投資績效來看，保戶賺到的投資績效獎金，都足以抵繳部分的保費了；這麼一來，你實質繳的保費不就變少了嗎？而你的原保障額度卻一點也沒縮水，告訴我，你是比較喜歡拿自己的錢繳保費，還是拿保險公司投資利得幫你繳保費，哪一個對你比較好呢？一還是二？」

——在定義過商品的範圍與屬性後，接著就是界定商品功能。此處的功能如你所見，並非是詳細的數字與條款說明，在你尚未確認顧客「要」的狀態前，不宜談到細節，而剛剛所謂「重要的細節」與商品細節不同，它是指「以投資獲利抵繳保費卻仍擁有同樣的保障」以及「拿自己的錢繳保費」的選擇，這是一種「用途」式的功能，此功能並不會在商品內容中出現，是屬於定義式的策略。

「當然是二啦！」

——顧客總是會選擇對其較有利的定義；只不過，身為銷售人員的你，要想在強敵環伺下脫穎而出，你還是必須有以人性為基礎的策略為後盾，免得「策略用時方恨少！」

「很好，那你現在是一還是二？」

——顧客現有情況的定位，這是使其立刻察覺到現況與理想之間的差距。

「一！」

——這是你一定會得到的答案。

「你喜歡繼續自己繳保費嗎？」

——這個問題並非一個單獨的疑問，而是一種意願與動機的探測；同時，也暗示其「現在仍繼續自己繳保費，並非其理想中的選擇。」

「別開玩笑了，有選擇性當然選二囉！」

——顧客總是選擇對自己比較有利的決定。

「很好，這類型的規畫也分兩種型態，一種是保本型，沒什麼風險，報酬雖低但固定利率；另一種是隨著市場投資風險波動，有賺有賠。賺，沒有上限，賠，就是分配到投資的本金變動，盈虧自己要負責。你可以自己選擇用哪一種。你想先聽哪一種呢？」

——選擇範圍由大至小，循序漸進，並簡單將商品屬性分類，在顧客了解各類別之不同差異時，他自己會衡量要怎麼選擇。

「第二種好了！」

——顧客選定了商品類別，雖然距離目標越來越近，然而，你還是必須了解對方為什麼會做這樣的選擇。

「為什麼呢？」

——這是為探詢對方的動機與這麼選擇的理由。

「因為第二種比較有挑戰性，要選第一種，我就買儲蓄險不就得了！」

——顧客自己說出為什麼這樣選擇的理由，也就強化了他要的動機。

「OK，我了解了，接下來，讓我來談談它的規畫型式，然後再找出適合你的投資數字，你完全清楚之後，也確定是你要的，我們再來完成規畫程序。」

——此刻的銷售過程提示是順應顧客選擇後所做的安排，亦是一種自然衍生的順序，從「規畫型式」到「再找出適合你的投資數字」，並植入一個嵌入型指令「你完全清楚之後，也確定是你想要的」。清楚什麼呢？這裡的對稱性是指商品規畫型式；至於什麼是確定他所想要的？其對稱性自然是指適合他的投資數字。待以上步驟完成時，自然衍生至完成規畫程序。

「好啊，你說吧！」

——顧客已接受以上過程提示之安排，這意思是說，你不但讓顧客接受了各項事實與過去經驗描述的契合感建立過程，同時，亦使其從諒解他的防禦性之來源、不急著講解商品與解決表象的口語症狀而取得了顧客的認同及信任。

成交，不過是一連串傾聽重點、重複確認重點、整合重點以及運用重點的過程！誰說只要背公版銷售話術與做需求分析就好?!如果你的公司、主管或訓練人員、甚至顧問公司沒教你如何傾聽，而只告訴你傾聽顧客的聲音很重要，而你也是以為幫顧客做需求分析或透過SPIN問話銷售就ＯＫ了，那麼，請再仔細讀讀本章與案例，相信你會有所頓悟與突破的！

本章重點：

一、你永遠沒辦法「假裝」對潛在顧客所說的表達興趣！有興趣就是有興趣，沒有就是沒有。如果你對產品本身的興趣大過對「人」的興趣，你應該到研發部門，不該待在銷售或業務部！

二、聽重點時要有耐心，一般人的表達往往過於偏重講述過程，不免冗長。耐心是需要培養的；沒有或失去對「人」的興趣，自然就「聽不進去」，更別談要聽重點！聽不到重點，怎麼會有銷售施力點可資運用？以幫助顧客得其所欲呢！

三、當然，有時顧客說得太多，像墜入萬丈深淵，怎麼樣都搆不到底時，你可得想個好法子，適時的「中斷」對方漫無邊際的談話內容。然而，卻又不可讓人覺得被冒犯。此時，幽默感即可派上用場。

四、一般人認為，說話者握有主導權，而聽話的人則是被動的一方。這也是為什麼傳統銷售訓練著重話術的原因。被動的聽與主動的傾聽是有天壤之別的。

主動的傾聽其實是握有主導權的呈現型式！要能主動的傾聽，你必須專注的提問，要能專注有效的提問，你必須對顧客表達興趣、同時又能誘發顧客對談論主題、內容的熱情，記住，在銷售上，沒有一件事是單獨存在的！

五、將顧客當人看，而不是銷售對象！你的顧客也才願意和你說實話。

第七章

扭轉創新的銷售情境

成功錦囊：

你絕不能輕視銷售的力量，更何況，它還有讓人絕處逢生的魔力！

無論如何，你得承認，在銷售的過程中，不是每項潛在顧客所提出的購買障礙、問題或拒絕理由都可以被處理或解決的。當你認真的解說完商品利益，在促成的那一剎那，潛在顧客告訴你：「我怕工作上有變化，到時如果收入中斷，我就繳不出錢，那前面繳的保費，不都損失了嗎?!」

如果他的工作不穩定，你要怎麼解決他工作上的問題？顧客說沒預算（有分真與假），怎麼解決沒錢的問題？顧客自己很喜歡、有預算購買，卻擔心婆婆不贊成，因為他們家三代同堂，婆婆的話就是聖旨：「幫孩子買什麼保險，有錢存銀行就好，你嫌錢太多，不夠保險公司賺嗎？」你怎麼解決婆媳相處、觀念落差的問題？先生不支持太太做業務，偏偏她開發的顧客都只能在下班後或假日拜訪，你是她的主管，你怎麼解決他們彼此矛盾又衝突的問題？

並不是每個銷售上遇到的問題都有標準答案，往往所謂的「標準答案」只是為了完成交易而想到的相對性說法，不去解決還好，有時越解決反而問題越多！我一向主張從整體結構看銷售，不論是銷售流程或面對顧客時的對應策略！傳統的直線思考則不在我的銷售訓練思維中。許多學員問我銷售上的狀況該如何處理，往往十分鐘前的對應策略與十分鐘後的就不一樣；然而卻都一樣有效！主要原因是，從結構來看而非從單一的點來解決，就不致陷入頭痛醫頭、腳痛醫腳的循環中！

問題蘊藏大量機會

每當你遇到銷售障礙而無法前進時，先仔細想想，問題或障礙本身，蘊藏了哪些機會？一般人在辨識「機會」上會有些困難，主要原因是：他們太在意問題或障礙本身了！因為急於促成交易，所以也就急就章，想方設法的說服顧客；在顧客心中疑慮或購買障礙尚未解決前，他們是不會採取購買行動的！縱使你知道有些顧慮是多餘的；然而，對於購買者而言，記住，再多的顧慮也是正常的！

既然再多的顧慮都是正常的，就有人主張將顧客可能有的或發生過的疑慮寫下來，然後再找出對應性的解決說法，而這套說法，就成為銷售人員人手一冊的銷售聖經，說來好笑，事實證明，在銷售上，大多數銷售人員所具備的標準銷售話術，其有效性竟不到百分之二十！換句話說，過去你所被教育或訓練的銷售對應方式與內容，竟有五分之四是不奏效的！足足大於有效性四倍以上！想想看，將之換算成你的收入與績效，這表示，你每一年正以損失現有年收入四倍以上在負成長中。這意思是說：無效的銷售話術，耗損了你五分之四的時間，卻只換來不及或等於五分之一的成效。所以，你也許不知道這樣的比例與銷售結構給你帶來的負作用，而仍然毫無自覺的重複著「有時有效、大部分時間無效」的銷售循環中，改變有時是一瞬間發生，而形成新的改變後思維與習慣卻需要持之以恆！

別陷入顧客的防衛性問題

我很難不把每個潛在顧客當做獨立的個體，卻又必須在各自獨立中找尋、歸納出行為模式，而每個行為模式的背後動機與口語所呈現的語言表達往往並非一致，這使得我的研究與整合過程變得異常有趣。想想看，大部分銷售人員遇到顧客說：「這東西我聽多了，我不需要」時，銷售人員的反應會是些什麼？你可以拿這個口語表象來測試自己或你所帶領的銷售人員，看看自己與他們的反應是否相去不遠。當你問我，我怎麼處理這一類「問題」時，我會告訴你，這不用處理。也許你會好奇，為什麼不用處理？然後你會聽到比較奇怪的說法，例如：這不是我的問題，那是顧客自己本身的問題，不在我可處理的範圍之列！許多學員會瞪大眼睛並豎起耳朵，有時，我發現每個研習會現場的銷售人員或領導人的耳朵都變得像米老鼠一般，又大又可愛，他們想聽聽「為什麼」我會對顧客說這句話？接下來又該怎麼辦？這對成交有幫助嗎？顧客的反應又會是什麼？然後我會告訴學員們，許多顧客一聽到我講這句話的反應，就像你們現在一樣，沒想著怎麼拒絕我，卻只想聽我接下來講些什麼，好繼續吸引他們的注意力：「我無法解決你聽過很多不需要的問題，我只能做另外一件事，而這件事完成了，你每年都會有一個可獲利的投資帳戶，同時賺的錢還不需要繳稅，也完全合法，告訴我，前面你講的才是你要的，還是後面我講的才是你要的？」猜猜看，百分之九十八以上的回應都是什麼？

正確的結構，創造有效的銷售

當你所遇到的銷售結構不利於你時，記住，別掉進問題裡去，跳出來，重新創造有利於彼此的新架構，因為架構決定內容，而非內容決定架構；這意思是說：水要放在杯子或瓶子裡，你才喝得到，沒有杯子或瓶子裝水，你就得不到你要的。杯子是架構，而水則是內容，覺得水難喝，想換可樂，沒問題。當然，熱烘烘的火鍋端上桌，你可不能拿寶特瓶裝熱湯，你得換個架構，用瓷碗囉！改變你銷售時的架構，自然內容也就跟著改變，直到你能完全掌控銷售情境，幫助顧客透過你的產品與服務得其所欲為止！

身為銷售領導人或銷售人員，你應該有跳脫原有框架的膽識與能力，尤其是在「掌控」銷售情境上。銷售人員在銷售過程失去掌控性將是一切災難的開始，掌控一切可能掌握的因素，而當你失去掌控權時，自然得另起爐灶，創造新的銷售結構。

案例㈠無效的話術

「我的預算只有四萬塊，終身醫療險正是我需要的，可是有三家都不錯，我現在也不知道要選哪一家？等我分析比較一下再決定！」

「我了解，王小姐，其實這三家的終身醫療保障就如你說的，都不錯，讓人很難抉擇，那到底哪一家才是你真正想要的呢？」

「我也不知道，你們的是可還本型，另外一家是帳戶型，好像都很好，我很難現在就告訴你，等我想好再說吧！」

「好吧，你需要幾天呢？」

「給我兩、三個禮拜吧！」

「兩、三個禮拜？要這麼久啊！」

「我的預算只有四萬塊，我當然要精打細算一下囉！何況我原來就已經有一般醫療保障，所以暫時還不急。」

「可是，是你自己想要做終身醫療規畫的，怎麼又不急呢？一般的醫療險是不夠的。」

「我知道，還是給我一些時間考慮清楚吧！」

為什麼無效？

在銷售過程中，誰思考誰的問題，誰就握有主導權與影響力。你可以明顯的看出這位銷售人員並未握有主控權，同時也失去影響力；因為他被顧客的問題牽著走，而自己渾然不覺！一旦他掉進問題的漩渦，就會被吸進黑暗的無底洞中而慘遭滅頂！你只能說，他是位認真的商品解說員而已！他甚至不清楚顧客給的口語資訊中蘊含了大量成交的訊息，這包含了她的動機與對未來的不安全感，有限的預算如何正確分配運用，原有保障及想要規畫所保障間的衝突與矛盾、想要有對未來的確定性卻又不確定怎麼做才是對的！你看，有這麼多「訊息」已經表現出來，然而他卻未察覺！他的焦點只集中在：顧客給的問題上。而他一點辦法也沒有。這也就是說，他與顧客皆陷入一種「不知該如何做」的思考迴路中，因為彼此都太集中精神在原有問題上打轉，而認知系統就無法看到或找到其他可替代方案，身為銷售人員的你，應該訓練自己，不要只在一個問題上打轉，最後轉進死胡同，致使自己頭痛欲裂；也許有另一種可能性，先訓練自己這麼想：「也許有另一種可能性、凡事都有更好的解決辦法」。

案例㈡有效的策略

「我的預算只有四萬塊，終身醫療險正是我需要的，可是有三家都不錯，我現在也不知道要選哪一家？等我分析比較一下再決定。」

「王小姐，也許你要的，不一定是終身醫療險，而且，你也可能不該在這三家中徘徊。你知道為什麼嗎？」

「怎麼說？」

「一開始你告訴我，叫我打一份終身醫療險看一下！然後就開始跟你之前搜集的同類型險種做比較，試圖找出最適合的，是嗎？」

「沒錯！」

「根據之前我所了解的，你原來已經有一份不錯的醫療保險了，是嗎？」

「是啊。」

「後來你擔心年紀大了，萬一身體不好，醫療保障就要多一點，你才有安全感，對不對？」

「難道不該這麼想嗎?!」

「這意思是說，你對未來充滿了不確定感，特別是在你的身體健康、年紀與財務的保障上，沒錯吧？」

「本來就是啦，萬一年老了、沒收入、身體又不好怎麼辦？」

「所以，你真正要的是，對未來財源的不虞匱乏及穩定收入來源的確定性，同時，不管有無工作能力或健康與否，都必須確保收入來源穩定與持續，這才是你真正想要的，對不對?!」

「嗯！你說得沒錯，從來沒有人分析過這些，我甚至不知道原來自己要的是這些！」

「依照你的情況來看，有三件事是你立即要做、而且對你才是真正能帶來安全感的，你知道是哪三件事嗎？」

「哪三件？」

「第一件，就是我們要找出運用你的有限預算最好的方式，好讓它發揮最大效益。

你贊成嗎？」

「當然贊成！」

「而讓你的有限預算發揮最大效益的分配方式就是：一部分做投資的規畫，而剩下的部分，則做終身醫療保障的規畫。」

「我不懂，為什麼這是最好的方式？」

「讓我來為你簡單說明一下，你就會懂了：將你的一半預算分配至純投資帳戶，而投資，就是要賺錢，一方面賺錢，一方面又有累積退休金的功能，所以，這就讓你的一半預算經過一段時間後，產生平均高於銀行定存利率的利潤，再經過十或二十年複利滾存，你就能在退休時有穩定的退休金可用。這就是我所談的第二件事了！至於第三件，你用另一半的預算直接做終身醫療保障的規畫，以彌補原保障不足的地方即可。依照你缺乏安全感的情況來看，若真覺得醫療保障不足（即便現在做了終身醫療）時，你也可以將前面的投資利得做兩項有效的加值分配：一是繼續加碼在原有的投資規畫上，以求利滾利；只要能保障未來有持續性的收入，你就會有安全感，對不對？」

「對！」

「二是可在原終身醫療保障上加碼，以備不時之需，這不是更好的選擇與規畫嗎?!」

「對!你講得真的很有道理,奇怪,另外兩家的顧問怎麼沒有告訴我要這麼做比較好?」

「我想,這不能怪他們,他們只是順應你所提出的口頭需要,而不知該如何找出你真正想要的,如此而已。我也正在認真學習如何洞悉、並找出顧客真正想要而不是表面需要的這門學問。所以,簡單的說,你要的東西只有一樣:就是安全感,而如何讓你感受到安全呢?唯有財務保障,才能帶給你真正的安全感;同時,你也要一個真正懂你在財務結構上要什麼的專業顧問,而不是傳統的推銷員,只會講解產品,是吧?!」

「你講得一點也沒錯,那我們可不可以現在就來規畫呢?」

「沒問題,我們就從剛剛講的順序來規畫吧!」

為什麼有效?

「我的預算只有四萬塊,終身醫療險正是我需要的,可是有三家都不錯,我現在也不知道選哪一家?等我分析比較一下再決定。」

——這表示顧客原來就有意願要做醫療保障規畫，只不過他將預算先說出來，有限的預算，卻有超過兩項以上的規畫選擇，這使得他反而不知該如何定奪，因此，你自己能料想到，延續購買決定會是他最可能採取的對應策略。

「王小姐，也許你要的，不一定是終身醫療險，而且，你也可能不該在這三家中徘徊。你知道為什麼嗎？」

——一開始你就不能去面對這類型進入殊死巷戰的細微比較中，你得另闢戰場，並牽引對方進入你所創造的新結構，以重新獲得掌控權！這裡用的是模糊策略，你能清楚的看到（也許）你要的，（不一定）是終身醫療險。而且，你也（可能）不該在這三家中徘徊。字眼上的選擇，都是較模糊而非明確的，其目的在模糊其選擇有限的表意識封閉系統，而令其潛意識欲望系統開始運作。

「怎麼說？」

——你已成功帶領其離開原有封閉結構，並同時使其潛意識機制啟動。

「一開始你告訴我，叫我打一份終身醫療險看一下！然後就開始跟你之前搜集的同類型險種做比較，試圖找出最適合的，是嗎？」

——這是經驗上的回溯，透過描述找出過去的經驗來重新建立契合，並另闢蹊徑。因為，你得為之前轉變他的專注標的——（要終身醫療保障而不知如何選擇）到（這不一定是你要的，同時你並不該在這三家中徘徊）——找個合乎邏輯且有說服力的證詞。

「沒錯。」

——意識上的確可讓你繼續下一階段的誘導過程，以利創造新結構的成功。

「根據之前我所了解的，你原來已經有一份不錯的醫療保險了，是嗎？」

——從顧客原來已經有一份不錯的保障開始，等於暗示其對未來的不安全感與不可掌控性已表露無遺。原來已經有卻擔心不夠，這就是其不安全感所呈現的最佳證明。

「是啊！」

——你得到其證實不安全感的回應。

「後來你擔心年紀大了，萬一身體不好，醫療保障就要多一點，你才有安全感，對不對？」

——前面證實了他的不安全感，後面則證實「如何才有安全感」，這是正反兩面的印證，可以使你在新架構中「進可攻、退可守」！

「難道不該這麼想嗎?!」

——這意思是，我就是這麼想的！

「這意思是說，你對未來充滿了不確定感，特別是在你的身體健康、年紀與財務的保障上，沒錯吧？」

——在反面的證明上再描述一次，你就更接近能幫其脫困的方法。

「本來就是啦，萬一年老了、沒收入、身體又不好怎麼辦？」

——她自己確認了她的不安全感來自哪些假設。

「所以，你真正要的是，對未來財源的不虞匱乏及穩定收入來源的確定性，同時，不管有無工作能力或健康與否，都必須確保收入來源穩定與持續，這才是你真正想要的，對不對?!」

——正面反應的確認，將於重複確認中得到完全正向的回饋。

「嗯！你說得沒錯，從來沒有人分析過這些，我甚至不知道原來自己要的是這些！」

——你為新結構的鋪陳產生了顧客的正面回應，你現在可以大膽的提出在商品專業上的建議。

「依照你的情況來看，有三件事是你立即要做、而且對你才是真正能帶來安全感的，你知道是哪三件事嗎？」

——在商品專業的建議上，永遠先誘發顧客想要知道的興趣，引起興趣後，才能激發其想要的欲望。

「哪三件？」

——顧客也好奇那是些什麼？與她擔心或關心的有什麼關係？

「第一件，就是我們要找出運用你的有限預算最好的方式，好讓它發揮最大效益。你贊成嗎？」

——你所建議的，也是顧客所表現出來的擔心與關心：都跟錢有關。

「當然贊成！」

——取得顧客的認同往往是成交的最重要關鍵。

「而讓你的有限預算發揮最大效益的分配方式就是：一部分做投資的規畫，而剩下的部分，則做終身醫療保障的規畫。」

——這是你發揮銷售專業智慧的開端，如何配置有限的預算，不僅要能發揮最大金錢效益，同時亦可兼顧原來顧客想要的。

「我不懂，為什麼這是最好的方式？」

——你的專業影響力在此發揮了它的威力。因為，顧客有興趣的，不是如何拒絕你，而是，新架構使她集中火力去尋找所有對她的資金分配最有利的做法，同時，並找出支持最有利做法的理由，你正和顧客朝此目標前進。

「讓我來為你簡單說明一下，你就會懂了：將你的一半預算分配至純投資帳戶，而投資，就是要賺錢，一方面賺錢，一方面又有累積退休金的功能，所以，這就讓你的一半預算經過一段時間後，產生平均高於銀行定存利率的利潤，再經過十或二十年複利滾存，你就能在退休時有穩定的退休金可用。這就是我所談的第二件事了！至於第三件，你用另一半的預算直接做終身醫療保障的規畫，以彌補原保障不足的地方即可。依照你缺乏安全感的情況來看，若真覺得醫療保障不足（即便現在做了終身醫療）時，你也可以將前面的投資利得做兩項有效的加值分配：一是繼續加碼在原有的投資規畫上，以求利滾利；只要能保障未來有持續性的收入，你就會有安全感，對不對？」

——一旦你提出了她原先預想不到的分配方式，就必須找出雙贏的合併，而合併的策略在此例中則為：顧客對未來與金錢的不安全感，則先使其抽離（或跳脫）原有比較商品卻做不了決定的死胡同，轉而進入。先創造金錢報酬，同時亦可維持終身醫療保障規畫的初衷！在策略上則稱為「合併」。

「對！」

——你又取得她在你處理預算分配上的認同。然而，尚未完成整個合併過程，這裡的分段意義為：不使內容過於冗長，故先取得第一步認同，再進行第二步。

「二是可在原終身醫療保障上加碼，以備不時之需，這不是更好的選擇與規畫嗎?!」

——接續的反應為一種全然接受「合併」策略的表現。

「對！你講得真的很有道理，奇怪，另外兩家的顧問怎麼沒有告訴我要這麼做比較好？」

——這樣的反應為一種全然接受「合併」策略的表現。

「我想，這不能怪他們，他們只是順應你所提出的口頭需要，而不知該如何找出你真正想要的，如此而已。」

——你不可批評競爭對手，批評同業，往往也等於在顧客面前批評自己。因此，「他們」是對的，只是，「他們」並不知道你真正想要的是什麼。這也暗指，他們給的，不一定是你要的，如果真是你要的，為什麼在見我之前都還下不了決定呢？既然產品屬性接近，卻仍落入比較的細節中，這表示原有結構不利於選擇，所以，才必須要重新創造新的結構！而新的結構勢必要有利於顧客的選擇。

「我也正在認真學習如何洞悉、並找出顧客真正想要而不是表面需要的這門學問。」

——清楚表明這項能力的來源是學習而來的，任何一位顧客都喜歡有學習行動與不斷進步的銷售人員，這同時也是一種與同業區隔、卻不批評同業的做法。

「所以，簡單的說，你要的東西只有一樣：就是安全感，而如何讓你感受到安全呢？唯有財務保障，才能帶給你真正的安全感；同時，你也要一個真正懂你在財務結構上要什麼的專業顧問，而不是傳統的推銷員，只會講解產品，是吧?!」

——你重複確認了什麼是她以為需要及她真正想要的差異性，只是，必須以不同的型式來表達；而且，你亦定義了「真正懂你想要什麼」與商品解說員之間的區隔，暗示「什麼樣的顧問才能真正幫助你」。

「你講得一點也沒錯，那我們可不可以現在就來規畫呢？」

——也許你講得太多了，因為顧客已經開始「要」她所想要的了。

「沒問題，我們就從剛剛講的順序來規畫吧！」

——這表示你之前就已做過銷售的過程提示，現在，只要依照原提示內容與順序，即可完成幫助顧客得其所欲的過程。

本章重點：

一、從結構來看銷售而非從單一的點來解決，因為，並不是每個銷售上的問題都能解決，或都有標準答案。

二、每當你遇到銷售障礙而無法前進時，先仔細想想，問題或障礙本身，蘊含哪些機會？

三、當你所遇到的銷售結構不利於你時，記住，別掉進問題裡去，跳出來，重新創造有利於彼此的新架構；因為架構決定內容，而非內容決定架構。

四、身為銷售領導人或銷售人員，你應該有跳脫原有框架的膽識與能力，尤其是在掌握銷售情境上。

五、銷售人員在銷售過程中失去掌控性，將是一切災難的開始。掌握一切可能掌控的因素，而當你失去掌控權時，自然得另起爐灶，創造新的銷售結構。

第八章

穿透性思考的力量

成功錦囊：
平庸的業務從問題中看到障礙，頂尖的業務從問題中看見「機會」！

要如何培養一種不被問題表面影響的能力？許多銷售人員問過我這個問題，而真正的重點應該是：為何要培養這種能力？擁有這項能力對銷售事業與獲利性有什麼樣的好處？才不至於浪費時間去處理一堆沒產值的表面現象與症狀，虛耗自己的時間、戰力與突破性的績效。

要培養這項能力，首先，必須先定義清楚，何謂「穿透性思考」？而所謂的穿透性思考，是一種看清整體結構力量與形成結構的分子間互動所誘發的反應。看不懂，沒關係！一旦理解了穿透性思考，你就永遠都不需要再去處理一大堆根本解決不了的銷售障礙與問題，然而，你卻必須下定決心，認真學習並培養這樣的能力，它不僅能幫助你突破銷售的重重障礙，同時，亦能協助你的潛在顧客不會停留在問題表面而無法繼續前進！

向長期獲利前進——別撿別人掉的五塊錢

當你不用解決每個「衛星」問題，而能直指核心，並迅速找到使顧客自己影響自己的槓桿點時，你就已經具備了擁有穿透性思考的力量，這是一種既宏觀又具深度的力量，它能使你不對問題或症狀表面產生疑慮，而直接從內部根源為著眼點，我們稱為「影響力的槓桿」！在銷售事業上，真正擁有這方面能力的人不多，如果有，也只是鳳毛麟角！這種穿透性思考的力量往往使你不被眼前短暫的利益所誘惑，而能從長遠性鋪陳，為什麼要這麼做？如果每一個你所開發的潛在顧客，除了對商品的顧慮外，其他所產生的各項拖延、抗拒或不確定因素，都要有一個標準答案才能解決的話，就不會有八到九成以上的銷售人員只能賺到糊口的收入了！並不是每項購買障礙或拒絕的理由都能「被解決」；有時，銷售人員往往做的不是解決購買障礙，而是被障礙與問題給「解決」了！他們自己很清楚，頭痛醫頭不見得是件有效的事，然而，就他們被教育及訓練所灌輸的技巧而言，卻仍使百分之九十以上的銷售人員陷入「解決銷售時產生的抗拒」泥沼中，甚至有些人還玩起「泥漿大賽」，與顧客大玩角力賽，不亦樂乎，覺得自己「好認真、好努力」要解決顧客給的問題，而且還拖其他同事或主管下水，但時間與精力耗損後，績效還是起起伏伏，他們自己也很納悶。不過，大部分人都「習慣」了這種慣性，常常也不覺得這是個嚴重影響產值的問題，所以，他們只好繼續這種慣性。

別被麻繩般的細節纏身

「穿透性思考」能帶你穿透問題的表面直指核心，它不帶有任何的負作用，除非你不懂得使用它！穿透性思考能節省至少五分之四的銷售時間而提前使交易完成！穿透性思考能使你及潛在顧客循序漸進或瞬間找到正向行動的功力而不遲疑！而且，你若是要提昇績效與收入十倍以上，你必須知道什麼樣的資源能幫你達成目標！

穿透性思考也能讓人看清自己內心的假設對現在與未來的生活所造成的影響。是什麼樣的假設讓你擁有現在的一切或損失原來該得到的一切？這些假設是一連串的限制還是一連串學習與有效執行的總和？為什麼當一個潛在顧客說「把你的資料留下來，我看看再說！」你就必須對他的要求做出相對性的回應？他真的是要留資料「看看」嗎？還是另有它意而你卻渾然不覺？當顧客告訴你：「我一定會跟你買，你不用急著今天叫我做決定，我現在還沒辦法想這件事……」他真會如字面上的意思：「一定會跟你買嗎？」然後你也信以為真的以為：哇！他一定會跟我買，好吧；反正這case也跑不掉，他已經給我口頭承諾了，我應該可以預見這次夏威夷高峰會上有我的身影……

資訊缺乏造成負面評價

大部分人（不只是銷售人員）無法看穿人、事、物與問題的真正核心及全貌，原因往往皆來自於：太早下結論！

特別是人們不熟悉、不了解、不清楚、沒聽過、沒學過、沒接觸過、沒教過、沒碰過、沒人說過、沒看過、沒提過、沒買過、沒嘗試過、沒想過、沒經驗過……由一連串「不」與「沒」連接起來的人、事、物等等，人們往往最愛評論與對事物下結論的，皆肇因與此。缺乏對人與事物的全面性掌控，人們就容易產生不確定感，而不確定感則為人們帶來不同程度的壓力，沒有人喜歡不確定所造成的「失控型壓力」，阻力最小之路驅使人們在遭遇到這類型情境時，自動產生「螢幕保護程式」，而保護的方式就是：盡早下結論，管它是什麼！而大部分的結論與評論都是負面的評價。為什麼是負面而非正面？因為不懂，腦中就會形成「資訊黑洞」，為了填補資訊黑洞，負面的評論與假設就會「自動」塞進那個黑洞中。當有潛在顧客說：「這種投資型保險又不是穩賺不賠」時，這表示他尚未做過這方面的規畫，如果你問他：「你曾經做過這方面的投資規畫嗎？」他會說：「沒有！」這就好像你沒吃過西瓜，卻說西瓜嚐起來像地瓜一樣有趣！如果你沒吃過西瓜，你又怎麼知道西瓜味道如何？不知道西瓜味道如何，又怎麼知道西瓜吃起來像地瓜？資訊黑洞作祟，主導了理性，矇蔽了事實。你沒做過這方面規畫，如何對規畫做出評論？這種盲目很有趣吧！

了解人性才可掌控銷售

如何破解「資訊黑洞」所造成的負面評論呢？

永遠記住，在你絞盡腦汁想要解決這個問題之前，你得先想到：人性總是走在資訊與事實之前！這意思是說，在解決任何銷售問題之前，要先顧及到人性。不把「人」的因素擺第一位，你就會再遇到一個「人性黑洞」，而黑洞只吸引負面的想像與猜測，負面評論一樣會吞噬你的所有努力！所以，優先的事永遠優先，第一的事就是得優先處理，沒有第二句話。

因此，建立契合與同步的重要性自然是優先要處理的事項，然後才是填補資訊黑洞。

穿透性思考最大的敵人就是：缺乏耐心。因為缺乏耐心，所以不等資訊與充足的訊息出現，所有的負面評論一擁而上；導致太早下定論，卻太晚發現自己封殺了原來是大好的機會！缺乏耐心不是顧客的權利；連銷售人員本身都一樣沒耐心！而且，大部分銷售資歷越久的銷售人員，越沒耐心！銷售經驗越豐富，所遇到過的問題與挑戰越多，越能迅速回應潛在顧客的各項問題。也因為如此，「沒耐心」聽完問題，他就已經有了結論！而這類型的銷售人員也常碰到一些「軟釘子」，太早下結論，顧客往往在你的聰明結論之後給你一記回馬槍：「我不是這個意思，我的意思你沒聽懂……」、「我才不會像你說的，那是別人，我不可能……」嘿！經驗豐富不該給你帶來這種沒耐心、太早下結論的副作用；相反的，表現出你的耐心與專業素養，弄懂對方真正的意思，而非口語上的而已。

案例㈠無效的話術

「我在電視上看到有許多財經專家說，這種投資型保單或變額萬能壽險有很多陷阱，並不是穩賺不賠！如果有錢，還是存銀行或留在身邊比較安全……」

「唉呀，王小姐，那些自稱財經專家的人，沒有一個是做我們這一行的，他們是評論家，專門負責批評的一群人；事實上，我們公司去年在這方面的投資績效好得不得了，搞不好還是業界的第一呢？你要不要重新再考慮一下？」

「我看不必了，就繼續把錢放銀行吧！這樣比較安全，不然，辛苦存的老本都賠光了，那還得了！」

「王小姐，賠光就太誇張了，怎麼可能?!不然，你可以撥出一部分定存來做這項規畫也不錯，就算是分散風險。俗話說：不要把所有雞蛋放在同一個籃子，看你要分配多少比例做這個規畫?百分之二十還是三十？」

「我目前並不打算這麼做，還是算了吧！」

「可是，我們這兩年的投資績效都還不錯，連我自己都買了，你還有什麼好擔心的呢?!」

「我並沒有說我擔心，我只是不想做這個規畫而已！」

「王小姐，反正你也不缺這些小錢，不然你就每個月定期定額投資，用少一點錢做也可以呀！你看是要每個月一萬還是三萬？」

「等我想想吧！」

「投資就是要抓對時機，現在就是最佳時機，不用再多想了吧！」

「這樣好了，你將資料留下來，我有空再多比較一下！」

「比較？這已經是市場上最棒的理財工具之一了，其他同類型商品是沒得比的，不用再考慮那麼多。」

「再說吧……」

案例㈡有效的策略

「我在電視上看到有許多財經專家說，這種投資型保單或變額萬能壽險有很多陷阱，並不是穩賺不賠！如果有錢，還是存在銀行或留在身邊比較安全……」

「你講得很對，王小姐，如果我是一般消費者，看了財經專家在電視媒體上的分析及評論，我也會和你有一樣的反應。王小姐，你猜猜看，是我們公司的錢多還是那些財經專家的錢多？」

「當然是你們公司囉！」

「為什麼呢？」

「因為你們是保險公司啊，有這麼多顧客，繳這麼多保費，自然是你們比較有錢。」

「保險公司也屬於金融機構的一種，對不對？」

「對啊！」

「只要是金融機構，就一定會有一群精算師與擅長投資的人來負責運用投資專長，幫公司創造更多的財富，沒錯吧！」

「那是一定的。」

「很好，王小姐，你願意把錢交給那些電視上的財經專家幫你創造財富，還是你會選擇財富越滾越多的公司來幫你操盤，為你創造更多的財富？以實際的投資績效與資產來看，你選那一個？」

「……我當然選會賺錢的那一個！」

「很好，王小姐，你的選擇是正確的。下一個重點是：你聽過股神華倫．巴菲特嗎？」

「聽過。」

「雖然他是全世界僅靠投資理財就名列財星五百大富豪之一的股神，財富僅次於微軟的比爾．蓋茲。你猜，他投資有沒有賠過錢？」

「怎麼可能沒賠過，賠多賠少而已！」

「他賠錢的時候，會說投資標的是『陷阱』嗎？」

「應該不會。」

「正確的說法，應該是『風險』！而所有全球的投資致富專家都懂這個道理：高利潤高風險、低利潤伴隨著低風險、要完全沒有風險，也就完全沒有利潤。你既擔心風險，又掛念高利潤，豈不矛盾？」

「是滿矛盾的，大家不都這樣嗎？」

「就是因為大家都這樣才會有少數像華倫・巴菲特一樣的人去研究風險、甚至駕馭部分風險，因為，對他們而言，有風險的地方，往往代表著『有利可圖』的地方，不是嗎?!所以你猜，他們是害怕投資、只因為有風險，還是朝著『有利可圖』的方向前進？」

「應該是後者吧！」

「那些財經專家講得沒錯，只是另兩件事沒做對，第一件是：用錯名詞，應該將『陷阱』一詞更正為『風險』；第二件是：應該在說風險時，一併將各家保險公司有類似商品的最新投資績效報表拿來對照他們所說的『陷阱』，這樣才是正確提供全面性對照的負責做法。畢竟，實際的數字與歷史騙不了人，對吧?!」

「是沒錯。」

「所以，王小姐，你準備朝『有利可圖』的方向前進了嗎？」

「好啊，你說說看……」

為什麼有效？

「我在電視上看到有許多財經專家說，這種投資型保單或變額萬能壽險有很多陷阱，並不是穩賺不賠！如果有錢，還是存在銀行或留在身邊比較安全……」

——電訊與媒體的傳播力量使人又愛又恨，當你碰到類似的評論，而且在媒體上的評論內容不利於你所從事的行業或商品時，特別又是從顧客口中所描述出來的，你就得小心處理！不可急就章的立即對其評論內容採取防衛型的攻勢，那只會使情況更糟！《催眠式銷售》有時講究緩和的同步與契合，有時採取激烈的衝擊神經系統的策略，端視當時的情境且因人而異。

「你講得很對，王小姐，如果是我是一般消費者，看了財經專家在電視媒體上的分析及評論，我也會和你有一樣的反應。王小姐，你猜猜看，是我們公司的錢多還是那些財經專家的錢多？」

——先建立同步，你將自己定位成一般消費者可能會產生與顧客一致的反應，當作建立契合的起始點，是再自然不過的利用（utilization）策略。「你猜猜看」則為稍加挑動其沉睡的潛意識，點燃一些些好奇，而這個好奇則必須與其切身有關方能奏效！再提出同中求異的定義問題，到底「是你們公司的錢多」、還是那些媒體上號稱財經專家的錢多？你猜呢？

「當然是你們公司囉！」

——這是個預期中的反應，有利於你與顧客不停留在問題表面，而能迅速且自然的轉移陣地，避開地雷區；免得被炸得面目全非！

「為什麼呢？」

——雖然是明知故問，然而，就是因為明知，所以才要故意問「為什麼？」好讓這一新的陣地有新的生命。

「因為你們是保險公司啊，有這麼多顧客，繳這麼多保費，自然是你們比較有錢。」

——你的潛在顧客已在不知不覺中自己利用穿透性思考的力量來改變自己，而你則必須持續諄諄善誘、創造有利於穿透性思考運作的「力場」，這個力場是充滿正向與改變的能量磁場！

「保險公司也屬於金融機構的一種，對不對？」

——既然問了一個屬性的問題，就代表此屬性在對方的常識中被認可的比例是你可掌控的，答案不至相差太遠！

「對啊！」

——踏著顧客的認同前進則萬無一失。

「只要是金融機構，就一定會有一群精算師與擅長投資的人來負責運用投資專長，幫公司創造更多的財富，沒錯吧！」

——延伸顧客的認同；這裡用到「只要是……就一定……」為一種描述顧客認同事物而延伸的應用，就像是「只要是有小魚，就一定會有大魚環伺」一樣的邏輯。

「那是一定的。」

——顧客對此延伸的定義毫無異議。

「很好，王小姐，你願意把錢交給那些電視上的財經專家幫你創造財富，還是你會選擇財富越滾越多的公司來幫你操盤，為你創造更多的財富？以實際的投資績效與資產來看，你選那一個？」

——在前面顧客既然已經認為你們公司比較會賺錢，同時又有專長投資的人操盤以創造更多財富，以實際的績效與資產來看，大概沒有理由將錢交給那些財經評論者，雖然他們的評論與分析都有道理，然而，誰在乎呢？實際的財富與績效證明一切。

「……我當然選會賺錢的那一個！」

——這是預料中的反應。

「很好，王小姐，你的選擇是正確的。下一個重點是：你聽過股神華倫．巴菲特嗎？」

——前面的鋪陳為在定義上尋求認同並以人之常情的投資常識提供選擇；接下來則必須

將財經專家所評論的「陷阱」重新定義。人們對「陷阱」一詞是毫無理智的抵抗它，不管是什麼東西，只要有「陷阱」二字，就像開車經過大坑洞一般，你只會閃過，沒人想掉進陷阱裡。因此，你有必要將此二字重新架構，並賦予新的正向意義。要培養這方面的能力，就得從平常多閱讀、或多注意日常生活的細節中觀察，習慣從負面的字義轉成正面的新義。

「聽過。」

——確認你所提出的人、事、物均在其一般認知範圍內。

「雖然他是全世界僅靠投資理財就名列財星五百大富豪之一的股神，財富僅次於微軟的比爾．蓋茲。你猜，他投資有沒有賠過錢？」

——當你拿全球最懂得投資理財的富翁為例時，通常是不會有任何爭議性。

「怎麼可能沒賠過，賠多賠少而已！」

——這表示顧客對於你提出的議題與人物在屬性上完全認同。

「他賠錢的時候，會說投資標的是『陷阱』嗎？」

——如果連最會投資的人都有賠錢的時候，賺與賠不就是一種類似平衡、卻不一定如何的常態嗎?!這同時亦為一種接近於同物相擬的對照策略，相對於財經專家所提出的陷阱而言。

「應該不會。」

——你在顧客的潛意識層植入了同物相擬的種子，持續灌溉它，很快的，它就會開花結果。

「正確的說法，應該是『風險』！而所有全球的投資致富專家都懂這個道理：高利潤高風險、低利潤伴隨著低風險、要完全沒有風險，也就完全沒有利潤。你既擔心風險，又掛念高利潤，豈不矛盾？」

——這就是灌溉你所播下的種子，同時，也讓顧客自己看到、感覺到、或聽到身為一個投資人的內心與外在行為的差異性；這將有助於其走在投資理財的正確軌道上。

「是滿矛盾的，大家不都這樣嗎？」

——她講得一點也沒錯，許多投資人都是如此矛盾的。所以呢？

「就是因為大家都這樣才會有少數像華倫．巴菲特一樣的人去研究風險、甚至駕馭部分風險，因為，對他們而言，有風險的地方，往往代表著『有利可圖』的地方，不是嗎?!所以你猜，他們是害怕投資、只因為有風險，還是朝著『有利可圖』的方向前進？」

——一旦你利用「重新架構」來賦予原有投資阻礙全新的定義時，你與顧客才重新握有掌控權。這個掌控的權力使你們朝著對彼此有利的方向前進，一反之前窒礙難行的窘境。

「應該是後者吧！」

——這是顧客重新找回對自己有利之主導地位的證明。

「那些財經專家講得沒錯。」

——在顧客原本表意識的既定印象上建立契合。「是的，他們原先講得一點都沒錯」是一種描述她原有表意識認知的策略，以緩和其表意識萬一不接受潛意識的安排而又出來搗蛋，所以，它具有安撫表意識的效果。

「只是另兩件事沒做對，第一件是：用錯名詞，應該將『陷阱』一詞更正為『風險』；第二件是：應該在說風險時，一併將各家保險公司有類似商品的最新投資績效報表拿來對照他們所說的『陷阱』，這樣才是正確提供全面性對照的負責做法。畢竟，實際的數字與歷史騙不了人，對吧?!」

——專家也會犯錯，將錯誤更正才是正確積極的作為，你同時表達了自己堅持的銷售立場，亦維護到這些專家在一開始對顧客造成的影響，不論那是好或壞的影響。

「是沒錯。」

——顧客接受了重新架構後的安排，接下來，你就能夠朝彼此有利的目標前進。

「所以，王小姐，你準備朝『有利可圖』的方向前進了嗎?」

——徵求她早已認同的潛意識給你正向的回饋，繼而使顧客自己打開意識的大門。

「好啊，你說說看……」

——意識之門打開後，你的專業（商品專業）才能為顧客所接受。

本章重點：

一、所謂「穿透性思考」，是一種看清楚整體結構力量與形成結構的分子間互動所誘發的反應。換句話說，它是一項不被問題表面影響，而又能直指核心的關鍵能力。

二、當你不用解決每個「衛星」問題，而又能直指核心，並迅速找到使顧客自己影響自己的槓桿點時，你就已經具備了擁有穿透性思考的力量。

三、有時，銷售人員往往做得不是解決購買障礙，而是被障礙與問題給「解決」了。

四、大部分人（不只銷售人員）無法看穿人、事、物與問題的真正核心及全貌，原因皆往往來自於：太早下結論！

五、人性總是走在資訊與事實之前，這意思是說，在解決任何銷售問題之前，要先顧慮到人性。

第九章

顧客只買「聽得懂」的產品

成功錦囊：
不要考驗顧客的記憶力與耐性，精簡你的說明內容吧！

每一種形態的銷售說明，都是一種對話。既是對話，就是對人說話。所以，你的銷售說明，是在對顧客說話，還是在對自己說話？你所說的，是顧客要的，還是你自己要的？抑或是你們共同所想要的？

你的說明有理可循嗎？

事實是，你永遠不能給顧客不想要的。當然，你也不會去銷售任何連你自己都不想要的商品與服務。對於讓顧客確定什麼是他要的，我可是有如鑽石般堅硬的決心，幹嘛去銷售顧客不要的東西（商品或服務）呢？不管他是要拿來用的、吃的、住的、看的、玩的、或彰顯身分與品味的、增加競爭力與產值的，你永遠只能提供給顧客他要的一切，不管那是什麼，只要你的公司或你的腦袋想得出來，或你想不到而別人卻想得到的服務或商品，就會有人要。當然，也有人不要囉！我不知道這種要與不要的分布是否與中國古代的陰陽哲理如出一轍？「不知道要或不要的顧客如何歸類呢？」如果你這麼問我，答案是：不知道！連顧客自己都不確定要或不要，我怎麼幫他確定？就算你是個強勢的銷售人員，強迫顧客要他自己都不確定要的東西，系統的結構將會以後悔或退掉原購買契約來回敬你。別不服氣，這就是所謂的消費者保護與結構的力量。弄清楚結構可以讓你知道努力的方向是否正確，弄不清楚結構則會使你像無頭蒼蠅般亂撞！

銷售說明——合理化是關鍵

人們的自我意識像一具搜尋引擎，對於任何所接觸的訊息（特別是新的、或沒接觸過的）都會想盡各種辦法、找到合理化的定義與解釋。如果找不到，意識通常會自動篩選掉這類訊息；所以，人們常常用過去認知、經驗與常識來向自我解釋：這到底是什麼東西？與我過去所看過、聽過或接觸過的什麼類似？找不到合理化的定義自然就無法歸類，無法歸類就沒法辨識，沒辦法辨識就只好排斥！所以，你的銷售接觸或說明方式及內容是否讓顧客易於辨識、能迅速使其找到合理化的依據，還是說了一大堆，顧客越聽越糊塗？

通常是這樣：在銷售說明上，你說得越多，顧客聽得越少，而且忘得越快。為什麼？因為人類的短暫記憶容量有限，在短時間內，「塞」不進那麼多訊息，如果你又想說得更清楚，勢必會增加時間，而說明時間越長，顧客的注意力就越無法集中；同時，一個注意力無法集中的潛在顧客，如何集中注意力去辨識你給的銷售訊息呢？既然無法辨識，那你不是白說了嗎？

合理化不只是聽起來有道理，它必須是合乎邏輯的，特別是要合乎顧客能接受的邏輯！因為：邏輯性彰顯合理性。

你遇過講了一堆話、聽起來卻毫無邏輯的人嗎？如果你曾經碰到過，就知道什麼是「沒道理」的意思了。因此，要讓你的說明內容為顧客所接受，你就得事先將其邏輯性給找出來，這通常不在你們公司任何型式的訓練內容中出現。你接收了一些商品或銷售技巧的訓練與資訊，在銷售時便會以自己的理解與語言去表達給潛在顧客聽，如果顧客聽懂了，很好，你就會有一個可能會購買的顧客；如果顧客沒聽懂、找不到合理性，你就越想詳細說明與解釋——前面的管子堵塞，你卻在尾端挖洞，常常是於事無補。

要如何讓你的表達與說明不僅合乎邏輯、同時又合理化而能讓顧客接受呢？你可以這麼做：

第一步：先提出誘因（商品或服務最大或最顯著的利益）並確認此誘因就是對方所想要的。

第二步：要有論證基礎解釋此利益是如何得到的？從什麼發展而來？證明與解釋此利益的演化過程等。

第三步：要確認顧客不僅聽懂、且接受了利益產生的過程。

第四步：將誘因連結到潛在顧客最關心的人、事、物，以產生情感上的反應。

第五步：激勵顧客採取行動（購買行動）。

沒有誘因，就沒有銷售

你如果不能在一開始就提出誘因，往往會用掉更多時間虛耗彼此的注意力。訓練自己一開始就提出誘因，一向是頂尖或偉大業務員、銷售力十足的廣告及促銷活動必備的技術。特別是用一句話就能提出誘惑力十足的開場，因為有大部分的銷售人員與銷售領導人沒接受過表達力的訓練，導致大部分的潛在顧客都覺得銷售人員占去他們太多時間，卻表達得沒有重點、或者「沒邏輯」！不相信？去問問那八到九成談不成的客戶，你就會相信這項不太令人雀躍的事實！

你可以用一句話來提出商品或服務的最大誘因嗎？自己練習看看，前提是「有效」的誘因。

不論你所銷售的商品是不保證獲利、同時又有風險的理財計畫，還是擁有固定利率、雖然利率不怎麼高，卻能長期累積退休金的功能，你都必須找到其合理化且使顧客能接受的理由。聽起來吸引人、看起來還不錯、講起來有道理、算起來有邏輯、顧客規畫起來就會有魄力。反過來說，若你的銷售說明聽起來不吸引人、講起來沒道理、算起來沒邏輯，那麼顧客就會很有魄力的向你說不！你絕不想讓這件事發生在你身上，而更可憐的是，顧客還得忍耐聽你講完，如果再加上有口吃或段落不分的毛病，哇，後果精采的可以拍連續劇了！

案例㈠無效的話術

「唉，我們最近忙著趕貨，不只是加班，連吃飯時間都沒有……」

「這麼忙啊，那我還是用一點時間跟你談談這個退休金規畫的內容、同時也包含了租稅的規畫……」

「你簡單說好了，我真的沒太多時間。」

「OK，這個規畫是這樣的……」

「嗯，聽你這麼說，還真的不錯，好吧，我先開張一百萬的支票先存入，該簽的文件我立刻就簽吧！反正我相信你。」

「啊！這麼快?!等等，我覺得我還沒完全講完，你太快到超出我的預期了。」

「沒關係，我相信你，我立刻叫會計開支票。」

「還是先等一下好了，這樣子吧，你用匯的，不過，要在我和你約好下次再說詳細一點的時候，你的時間比較充裕、聽的比較完整，你決定要了，再去銀行匯這筆錢吧。」

「好吧，既然你這麼堅持；我得趕回去忙了。」

接下來的三、四個禮拜，這位錯失良機的銷售人員告訴我，他都找不到這位顧客，即便連絡到了，他還是忙到沒時間再談；似乎刻意迴避他。

「我實在不知道接下來該怎麼做？這位顧客原來很有意願，怎麼會變成好像在躲我?!是我哪裡做錯了嗎？」他自問自答的給了我一連串的問題，問我該怎麼做才能挽回這位顧客。

「他忙到沒有時間吃飯，一日三餐變兩餐，好不容易撥出三十分鐘給你這位銷售人員，他期望這三十分鐘最好值得他停下手邊重要的事，而他也習慣短時間對任何必須要做的事『抓重點』，並做出決策，然後再面對下一項值得面對的事或人。這就是他的習慣與決策節奏。他已經告訴你要怎麼做，而你卻不這麼做！所以，他忙到沒有時間吃飯，你卻要他再去『匯款』？他三十分鐘內就要做出決定，你卻要『另外』和他約時間再談？你覺得合乎常理嗎？」

「對耶，我怎麼沒有想到？」

當銷售人員太急著告知顧客他所知道的一切時，往往就忽略了顧客真正想知道的是什麼。顧客要的，也許不是你給的；也有可能就是你給的。重點是，你最好清楚辨識顧客對於銷售訊息、內容及你表達方式的反應是什麼，你的銷售說明有效性是依據顧客的反應，而不是你背的商品內容與話術。

因此，我給他的建議是：

1. 描述以建立契合。
2. 承認之前沒做對的地方。
3. 更正錯誤，並重複當初顧客給的行動步驟。

根據這三項策略架構所發展出的內容，就會像以下的例子。

案例㈡有效的策略

「王老闆，我之前和您談過退休金及租稅規畫，你在百忙之中抽出『三十』分鐘，我簡單的向您說明後，您立即就做出了決定（描述），而當時我卻還沒做好心理準備這麼快就OK了；那是我自己的問題，因為，您都已經忙到沒時間正常用餐了，我還請您親自去匯款?!這是第一件我沒做對的地方。同時，您好不容易撥出難得的三十分鐘，我卻要您『另外』再找時間詳細說明；這是第二件我沒做對的地方。換句話說：我當初根本沒弄清楚您是怎麼做決定的，根本沒依照您的指示與程序來處理。這是我之前沒做好的地方，我向您鄭重的道歉！」

——承認之前沒做對的地方。

「這一次我和您連絡，就是要向您說明，除了道歉外，我已經準備好立刻要幫您按照您之前的規畫程序來處理；十五分鐘內就能簽妥一切文件，而您也可以請會計幫您開好支票，我們可以同時進行，畢竟，您還有很重要的生意要做，您說是嗎？」

——更正錯誤，並重複當初顧客給的行動步驟。

為什麼有那麼多的銷售人員只講自己要講的，該聽顧客的聽不見，不該聽進去的卻聽了一大堆？真是令人匪夷所思、百思不得其解！

本章重點：

一、銷售說明不只是列張產品功能或建議書而已，否則，就不需要有你的存在，只要將建議書或目錄寄給顧客，再附上契約書，顧客自己就會簽約了！哪有那麼簡單的事。

二、合理化的銷售說明使顧客聽得懂、易於理解，進而就迅速接受。顧客不會為聽不懂的說明付出金錢的代價去換取商品的好處。說破了嘴也沒用！

三、不要誤解「專業」二字在銷售上的意義！「專業」不代表要向顧客提出一堆艱澀難懂的專業名詞，如果你想用這招來震懾顧客，往往都適得其反。你可以用簡單的概念解釋複雜的專業嗎？賣弄顧客不懂的專業名詞，根本就是自找苦吃！

四、要如何讓你的表達與說明不僅合乎邏輯、同時又合理化而能讓顧客接受呢？

你可以這麼做：

(1)先提出誘因

(2)要有論證基礎。

(3)要確認顧客不僅聽懂、且接受了利益產生的過程。

(4)將誘因連結到潛在顧客最關心的人、事、物，以產生情感上的反應。

(5)激勵顧客採取購買行動。

五、你的銷售說明必須聽起來吸引人、看起來還不錯、講起來有道理、算起來有邏輯，那顧客購買起來就有魄力。反過來說，若你的銷售說明聽起來不吸引人、看起來不怎麼樣、講起來沒道理、算起來沒邏輯，那麼顧客就會很有魄力的向你說不！

第十章
無形的商品，有形的呈現

成功錦囊：

如果你看起來討人厭，大概也沒人對你的銷售感興趣！

你聽過TPR（Total Physical Response）完全生理反應嗎？我猜全世界的銷售人員與領導人都沒聽過！原因是：它不在任何型式的銷售訓練與執行手冊中，倒是有一些人類肢體動作所代表意義的研究者，以圖文並茂的方式出版了一些「肢體語言大全」之類的書。這倒是個好現象，能喚起人類行為科學的再進一步探究！不過，要從莫衷一是的圖片（漫畫或拍下來的照片）來真正看出這些肢體動作所代表的意義，並用以剖析顧客、被徵員者、談判對手等在想些什麼，可能都有點言過其實。

非語言的力量如何影響銷售結果？

一個單獨的片段所呈現出的肢體表現圖樣是靜止不動的，而人的腦與細胞卻是不斷活動的過程，由一個小片斷來「猜測」對方在想些什麼或準備做些什麼，說實在話，實在是沒啥必要，原因是：浪費時間、缺乏準確度！因為下一秒鐘，對方可能就換個姿勢，若一個姿勢的可維持時間是三分鐘，那麼三十分鐘的銷售說明，顧客可能就換了十次不同的姿勢，你到底要從哪一次來研判？哪一個才是真正的意思呢？有沒有互相矛盾的肢體動作出現呢？如果跟書上講的不一樣又怎麼辦？

我記得在國中第一次上英文會話課時，課本上是這麼寫的：

John: Hi Mary, how are you?

Mary: I am fine, John. And you?

為了考試，老師叫我們一定要背起來，考這一題一定是照課本答題才有分數。下課後在回家的路上，我遇到兩位摩門教的傳教士（都是老美）索性就學以致用，來上一段，看看成效如何：

我：Hi, how are you?（你好嗎？）

其中一個回答：It is so hot today.（今天好熱哦。）

我：……

課本上沒有，老師也沒教，我想，如果我在考卷上寫上那位老美傳教士的回答，老師會不會直接叫我放棄英文、或者留級算了！

說明內容很重要，但「表達」才是關鍵

在銷售上，常有顧客不按牌理出牌，特別是有一堆被推銷經驗的人！

你怎麼辨識顧客的肢體語言哪一部分為真、哪一個動作是想要誤導你呢？顧客皺著眉頭、手抓頭髮是真的聽不懂你在講什麼，還是裝不懂？他的目的為何？

雖然非語言的影響力占銷售溝通有效性的百分之九十三，而語言的影響力占了百分之七，我們仍然重現銷售內容更甚於這些非語言的力量。你的公司或團隊、教育訓練部門是否曾開設這門行為科學的課程？這門課的最大重點即是在於：如何讓每位顧客都能毫無抗拒的接受你的專業內容、商品功能與服務所帶來的好處及價值，更重要的是，顧

客願意用金錢去換取這一切！

如何正確無誤的分辨顧客的非語言訊息是一門學問，銷售人員在銷售時的非語言呈現則更為重要，君不見，百分之九十以上的銷售人員，在面對顧客時的非語言表現所帶給顧客的影響力都不怎麼正確，因此而增加了完成交易的周期與困難度。

任何外在的非語言表現，都是從內在來的！

死記死背沒有用，因為你很快就會忘了。在乎，你就會記得；關心，你就會得人心；誠懇，你就會得到尊重；持之以恆，你就會得到長期的信任；顧客得先接受「你」這個人，才會接受你的專業。你永遠不能將「人」的因素排除在銷售行為之外，商品專業取代不了人們對你的信任與否，你現在願意好好的學習並實踐以上特別重要的人格特質、同時練習對銷售成果影響至鉅的非語言誘導策略嗎？

「非語言」的影響力

非語言的影響力要從兩個部分來看，一是銷售人員本身的表現，二是潛在顧客的表現！同時，你亦必須了解有哪些因素構成所謂的非語言訊息。

舉凡說話時的面部表情、眼神、肢體動作、音調、音頻、呼吸、說話的段落、你的髮型、衣著、身上的氣味（大部分人自己都聞不到、不然就是不在乎）、顏色、配件、鼻毛是否過長……不勝枚舉；皆可稱為非語言的訊息，它們對於銷售溝通時的有效性占了絕大部分的比例，卻被銷售人員、銷售領導人、企業主、教育訓練部門長期忽略。沒辦法，他們總以為「專業」就只是講出來的話而已！從沒想到說出來的話也只占銷售溝通的百分之七！所以，你才會看見這個事實：百分之八十五的潛在顧客，一開始會拒絕的，不是你的產品與價格，而是你的表達方式！

想想看，什麼叫做「表達方式」？你有沒有這種經驗：雖然你介紹的很專業、潛在顧客也覺得不錯，然而就是下不了購買決定?!即便你什麼問題都問了、也都處理過，還是搞不清楚怎麼回事！大部分的銷售人員，此時會很直覺的去推敲並回想所有曾說過的內容？連主管在輔導業務或下線時，也都習慣性的去了解內容如何，想要從內容一窺究竟。只是，如果內容沒問題，那麼到底是哪裡出了差錯呢？「從表達方式開始吧」，這就是我的建議！

銷售語言對顧客購買與否的影響力

單純從NLP神經語言學的角度來說，「模仿」是大部分契合感建立的起始點，你模仿顧客的表達方式、你跟上他講話的速度、你配合他的肢體動作，只是，他們叫你不要讓對方察覺你「正在」模仿與映射（mirroring）他的一切表達方式，以免過於刻意而導致反效果。聽起來是有那麼一點自相衝突！

家族治療大師薩提爾（Satir）倡導人不必為了討好另一個人而採取低姿態，而所有的權威者也不應該將自己的權力與控制權加諸於另一人或群體上；尊重「人」之所以為人的自主性與多元性。你覺得，這在商業環境與企業中，是否是個遙不可及的天方夜譚？

撇開各家論述不說，因為他們自有其相通與矛盾之處，莫衷一是！同時，亦各有其擁戴的門徒、信眾。我同時學習、也接受不同學派之洗禮。

我後來發現催眠醫師Milton Erickson談到：催眠治療師不應只在病患的單層意識進行探索與治療，否則，病患也許在治療的當下改變了，一旦回到現實情境中，常常又產生了不適應的現象。那些原來困擾他們的症狀，一樣造成生活阻礙。這讓我想起許多激勵人心的潛能訓練，現場的氣氛與群眾完全投入，你自恃學了好多，你即將或已經成功，你擁有超級正面的態度，連拿破崙．希爾（成功學之父）也自嘆不如！最後你發現，真正成功致富的，是臺上那個鼓舞人心的「大師」，他們過去的悲慘故事足以讓你淚流三天，他們起死回生的戲劇化人生使你倍受感動與激勵，所以你心想，如果他都可以，我為什麼不行?!

讓人們動情緒比較簡單，稍微挑動你的不滿或失敗經驗即可，別不信，這手法還真管用，不管是哪一位激勵大師，無獨有偶，他們常常都從悲慘的過去開始。

成功者的實踐步驟

在現實的環境中，許多目標或夢想要達成，不僅僅是動情而已，你還要動腦、用心。不過，這世界多數人不喜歡動腦，多數喜歡動動情緒，到處都有實證，也難怪股神華倫．巴菲特說：「我致富的其中一部分原因來自於——利用投資人的愚蠢，我因他們的愚蠢而致富！這些人短視、近利，永遠跟著市場的情緒起伏走，他們是一群不用腦的傢伙。」

如果你不覺得動動腦袋、運用資訊與知識的成功率大過潛能激勵的作用，你可以別理會華倫・巴菲特這老傢伙說些什麼。

對了，有沒有人願意投資新臺幣八百二十五萬三千三百元，和你或任何你學習過的「大師」共進一頓午餐？什麼，你說有哪個神經病會如此瘋狂！沒有半個「正常人」會這麼做。這個價錢是二〇〇三年在eBay拍賣網一位參與競標的得勝者——Greenlight投資公司基金經理大衛・埃霍恩（David Einhorn）贏得與華倫・巴菲特共進一頓午餐的價格！

你願意為成功與創造合法的財富動腦嗎？還是盡情為虛幻的成功吶喊即可？

我也曾經吶喊過，不過，對如何辨識什麼是顧客要的、什麼是不要的並無幫助，我還是得動動腦並用心觀察，對方到底在幹什麼？搬出不相干的人幹嘛？我為什麼要解決不相干的人的問題？還是，他根本就不相信我?!也許，我應該帶著顧客喊「我一定會成功」三遍，他可能就會和我簽三次約……

從擁有觀念開始

非語言的影響力應該建立在：（以下所列並不包含非語言誘導的力量與步驟）

1. 誠懇的態度：有人對你的讚美是出自於真心真意，可又有些人的讚美讓人一聽就覺得虛情假意。你在讚美顧客時夠專注、夠誠懇嗎？抑或只是為了交易而這麼做？你有碰過一個人在讚美或跟你說話時，眼睛像雷達一樣，到處掃瞄嗎？即便他嘴裡說著讚美的話，你卻覺得不被尊重，對不對?!你在和顧客談話時，是否也曾不經意的如此這般呢？誠懇是一種單純、不帶雜念的欣賞，如果你不欣賞你的潛在顧客，顧客又為什麼要欣賞你呢？讓顧客喜歡你的第一件事，就是讓顧客感受到你單純的誠懇；誠懇能打動人心，誠懇往往也能讓頑石點頭，這方面最具代表性的人物，就是日本壽險推銷之神——原一平先生。

一堆人學習推銷話術與技巧，一堆公司與業務團體對獲取訂單與達成業績配額呼天喊地、日日表揚、日日激勵，卻不見有任何企業、團隊或銷售領導人將誠懇當作獎勵的標準。我倒是常聽到有人說：他們公司的業務好強勢，不買都不行、不放你走。也常聽見有人說：我會購買不是因為他很會推銷，而是因為他很誠懇，真的是站在我的立場。銷售人員太有侵略性，往往令顧客望而生畏。唯有誠懇，方能真正使人心甘情願、無怨無悔！

2.用對方可以接受的表達方式：有的人接受你的表達方式，也有的人不接受；有時，雖然你已經表現出誠懇的態度，然而，顧客還是不接受！這通常是銷售人員沒弄清楚顧客可接受或不接受的界限與屬性所使然。說實在話，你不能期望用一種表達方式，還能吸引所有人！你會有自己慣有的表達方式，無論那是什麼。因此，你總是較容易吸引與你同頻率的人成為潛在顧客或死忠顧客！原因很簡單，因為「同頻率吸引同頻率的人」。只是，你永遠不可能只遇到和你同頻率的潛在顧客，這機率只有四分之一或更少！

清楚分辨潛在顧客可接受的表達方式，將使你的銷售說明成功率大增！有時，我真的認為你（或你的主管、上線）應該在處理日常業務之外，好好的靜下心來，去弄清楚、同時學習如何有效的表達，找到並分辨人們的決策模式將使你少費點力，並提前調對Key（與潛在顧客同步），免得你熱情、辛苦的說了十分，對方接收不到兩分！那你豈不是「白努力」?!千萬別覺得不可思議，這種銷售人員還真多，密密麻麻的像群聚集在蜂窩的蜜蜂一樣，見到人就亂叮，搞到最後，奄奄一息的大有人在。他們寧願忙著舉起鈍掉的斧頭對著粗壯的樹幹猛砍，也不願意稍微停下來去磨磨那把缺口滿布的斧頭！

3. 調整自己的表達方式：每個人都有自己慣有的表達方式，當然，可接受他人表達的方式也就不盡相同。雖然NLP神經語言學中論及模仿（或稱映現）對方的表達方式可迅速建立契合感，然而你卻必須注意，刻意的模仿對方有可能會造成反效果。因此，不論是映現或模仿，皆應在下意識中操作，並使對方不致發現你的刻意。我認為，就人性或理論的角度來看，下意識的「跟隨」對方的溝通或表達方式較能形成「自然」的契合，契合本身乃為一種人與人之間互動的化學反應，而這種反應就生理學的角度而言，可說是「氣味相投」！如果光靠模仿對方說話速度、語調、面部表情，肢體動作或姿勢，那麼你大概也來不及同時去組織你所要對談的內容。這意思是說：你既要模仿對方的表達方式，又要同時構思你的談話內容！這在初期（你剛開始學習這麼做時）會很不自然，我遇到不少參加過NLP的Practitioner，和我談話時幾乎都一致性的想映現我的表達方式，有時候，我也只能假裝氣喘或過動，不然，就表演個「美人托腮」的姿勢，只是靠在椅子扶手的手肘會脫序的「滑落」，而大部分的Practitioner不是被這些不協調的動作給嚇到，就是突然自動停止映現我的動作，而我總會半開玩笑的安慰他們——要動動腦，別儘讀死書，照本宣科有時是好事，有些時候卻會壞了大事！

原始的嗅覺——左右信任感的軍機大臣

有一項潛意識的動作是你在表意識層無從察覺的，這很可能是人們互相吸引、喜歡、信任，或是不喜歡、不信任、不想聽到對方聲音的依據，它就是人類的嗅覺！雖然神經語言學或催眠治療的教學未將嗅覺列為人們傳遞與吸收訊息的感官之一，然而，在人類生理學的結構來看，人類自遠古時代就已懂得利用嗅覺來分辨敵我。你有聽過「殺氣騰騰」或「歡樂的新年氣息」種種形容氣味的語詞嗎？我最近發現，也許人類的嗅覺才是真正有效溝通的生理關鍵，在你意識毫無察覺的情況之下，剛認識一個陌生人，你們彼此會不自覺的抽動一下鼻子，動作非常非常輕微，你們互相在探索並吸取對方的「味道」。人體與動、植物一樣，也會發出味道，一般的氣味稱為荷爾蒙，這種分泌自人類腺體的化學物質，竟會是人類互動上，占據最主要的主導功能，你喜歡一個人，就會喜歡他（她）的味道。你不喜歡他（她）的味道，就肯定不相信他說的一切，無論你有多會映現與模仿，你的內分泌主導了這一切！如果你抱起一個未滿一歲的小寶寶，你的下意識就會開始嗅聞小寶寶身上「乳臭未乾」的味道，然後，你的行徑就會開始改變，你一下子就年齡退化成小孩子，開始說話像小孩、表情像小孩、動作像小孩，你在逗小寶寶，對不對？也許你沒發覺，你的嘴唇都嘟起來了！

也許我該這麼說：氣味，是主導信任與否的真實力量。只是人類對其了解得不夠，更別談在銷售行為上的運用與影響力；因為，至今都未有任何一本銷售著作論及此一主題，這表示還有無限發掘的運用潛力與空間！

4. 辨識顧客的表達方式並做記錄：同一個顧客可接受的表達方式不會變來變去，他自己的表達方式與決策模式更不會亂變一通，這就像一組程式語言，人們的外顯行為通常只是執行程式的過程，經過重複執行，自然就形成了「習慣」的程式，要修改你自己的決策模式恐是難上加難，你也許可以「刻意」改變模式幾分鐘，撐不了多久，你就會故態復萌、恢復原狀。在人們潛意識深藏的程式未改寫前，任何外顯行為的改變皆無法通過「持續」的時間關卡！

因此，一旦你能弄清楚顧客那一套做決策的模式，你就該有套工具將其記錄起來。有些銷售人員在陌生開發上花了最大的力氣，卻忽略了已成交顧客的重複購買能力與潛力，這實在是沒什麼道理！

你的銷售工具像心電圖一樣精準？或單憑老舊的把脈神功？

一套簡單的手寫工具或數位化軟體就能為你做好這項工作，清楚的了解並載明每位顧客的決策模式，什麼因素能挑動顧客的購買神經？又有什麼因子會觸動顧客的防衛與抗拒？他在乎銷售人員與銷售訊息的呈現方式為何？什麼是他最不喜歡的銷售說明型式？弄清楚這些影響顧客決策模式的各項關鍵，並詳實、簡單的記錄下來，你就會有一份「顧客購買決策模式」的清單，這比只是記錄你跟他談了幾次，每次說到什麼內容重要多了。

多年前，企業界盛行CRM（Customer Relationship Management）顧客關係管理軟體，對企業界而言，此系統實有其必要。對銷售人員個人而言，此系統無疑是小螞蟻頂著桂圓殼，怎麼看都不對勁！畢竟，CRM不是為銷售人員個人設計的程式。我很慶幸，半數以上我訓練過的學員都學習並使用另一套CRA的系統來幫助他們精準的銷售、同時找到對每位潛在顧客的銷售施力點！我認為CRM的運用範圍對銷售人員而言有過大之虞，這是企業使用，一般銷售人員也沒那麼多的預算去建置。因此，將範圍縮小至銷售人員可運用的標的才是適當的做法。CRA（Customer Relationship Appliance）「顧客關係應用系統」便應運而生！顧客關係不只是要管理，更重要的是，顧客關係是要拿來運用的，沒有應用的管理只是記錄，將記錄拿來有效應用，對你，才真的有用！

案例㈠無效的話術

「說實在話，我根本就不缺錢，而我也不認為我需要投保，保險公司一家比一家有錢，還不都是拿保戶的錢去投資！我不會那麼傻，繳錢給保險公司？我還不如留給自己用。」

「王先生，越有錢的人就越需要保險，因為你們的生命最值錢，哪有說有錢就不需要保險的！而且，每份要保書都載明了可理賠的情形與條款，雖然保險公司有投資行為，那也是正常的，不然，保險公司怎麼生存下去呢？」

「我常常看媒體報導保險公司跟保戶在打理賠官司，我就對保險公司印象很差，哪有跟客戶打官司的道理？該賠就賠，每次都在條款上搞些小動作，我們身為客戶，哪懂那麼多？吃虧的，到頭來，都是自己。」

「是有些保險公司的業務員在招攬業務時，誇大其詞、過度承諾，才會造成你說的那種情形；像我的客戶，我都會向他們說明清楚，不會發生你說的那種狀況，畢竟，這一行我已經做了快十年了，你放心吧！」

「我知道你不會這樣，只是我覺得現在與未來，我都沒有需要買保險，還是謝謝你！」

有點講不下去的感覺，是嗎？看看將策略調整為非語言的誘導會產生什麼變化！

案例㈡有效的策略

「說實在話，我根本就不缺錢，而我也認為我不需要投保，保險公司一家比一家有錢，還不都是拿保戶的錢去投資，我不會那麼傻，繳錢給保險公司？我還不如留給自己用。」

「王先生，你講得一點也沒錯，對了，你的左手可以借我一下嗎？!」（銷售人員順勢伸出右手，引導顧客的左手舉起）

「做什麼？」（顧客的左手同時自動舉起，銷售人員輕握其手腕）

「王先生，這麼說吧！我給你五百萬新臺幣，買你這隻左手，從肩膀切下來，就是我的了。你賣不賣？」

「當然不！」

「那麼，我多付你五百萬呢？聽起來滿划算的。」

「不要，多少錢都不要！」

「很好，王先生，（將其左手慢慢放下，再將其右手臂舉起），那右手臂呢？一千萬賣不賣？」

「當然不啦！你瘋了嗎?!這怎麼能賣，又不是隨時可以生產製造的。」

「王先生，你說對了，當無限價值的生命可以用有形的價錢來保護的時候，你真應該趁現在有能力的當下，為自己無價的生命找到保護傘，而不是任由其暴露於風險之中，你說是嗎?!」

「（沉思……）嗯，是有道理，可是我不甘心保險公司賺我的錢啊！」

「保險公司賺很多人的錢，這叫做投資理財，待會，你會迫不及待的想聽到保險公司賺很多錢的故事。」

「為什麼？」

「你身上有沒有一百塊的鈔票？」

「有啊，做什麼？」

「你先拿出來。」

「這是你的一百塊錢，我這裡有五百塊，第一年，這一百塊的功能就值這五百塊錢，然而，你不能隨便動它，除非你發生契約載明的理賠狀況，萬一發生，這五百塊是照顧你家人生活或孩子的教育費用，保護他們，免於失去家庭經濟來源而陷入困境。而第二年開始，原有的五百塊保障家人的費用依然存在，而保險公司用你的保費三分之一去投資，賺了二十塊，扣除成本後，再分給你這十五塊，你拿，還是不拿？」

「當然要拿囉！」

「所以，你告訴我，你是喜歡保險公司賺錢，還是賠錢？」

「你這麼說，我當然希望保險公司賺錢啦！」

「為什麼呢？」

「因為照你所講的，它賺錢，不就等於我也賺錢嗎！」

「很好，然而，投資也有風險，這一點你比我清楚，是吧?!」

「我知道，這是一定的，銀行定存利率那麼低，股票又太刺激，我也在想，該如何發揮最大效益？」

「很好，王先生，你現在願意談談這個效益的規畫型式了吧！」

「當然！」

為什麼有效？

「說實在話，我根本就不缺錢，而我也認為我不需要投保，保險公司一家比一家有錢，還不都是拿保戶的錢去投資，我不會那麼傻，繳錢給保險公司？我還不如留給自己用。」

——若以穿透性思考來看顧客這一段話，他也只表達了一件事，你猜猜看，那是什麼？用推論的也行！你是否不大想動腦袋，只想知道答案？

我建議你，還是再想一想，他整段話裡，就只講了一件事，其他都不是重點，那是什麼？

他不想讓保險公司（應該也包含銷售人員）賺他的錢。就這麼一件事！其他，等於沒說！至於他缺不缺錢？不是重點，你只能說，他不僅愛錢，而且，也想多賺錢。

第一件要做的事，是先「穿透」他的口語表象，直指動機核心。什麼是動機核心？就是，他說這些要做啥？若你對「穿透性思考」不清楚，請再回到本書的第八章「穿透性思考的力量」重讀幾遍！

「王先生，你講得一點也沒錯，對了，你的左手可以借我一下嗎?!」（銷售人員順勢伸出右手，引導顧客的左手舉起）

——在語意上的同步，會緩和對方口語防禦的作用力。「對了」是一個嵌入式指令，暗指接下來要說或做的，不在原來要說明的範圍之內，屬於輕度的模式阻斷，然而，對方的潛意識卻早已被暗示做好準備，給予回應，只待指令下達。「你的左手可以借我一下嗎?!」這是不在對方原有表意識層裡準備防禦的內容。它甚至跟顧客剛才所說的一切都不相關！既不相關，他自然也不知該從何處防禦或攻擊！當然，非語言的誘導絕不可少，那是重頭戲。少了它，就像游泳池中沒有水，乾游、乾過癮。

「做什麼?」（顧客的左手同時自動舉起，銷售人員輕握其手腕）

——這是潛意識的回應，你可以發現他的表意識在質疑的同時，他的手臂卻已然舉起，簡單的催眠式誘導，你可以多找人練習。

「王先生，這麼說吧！我給你五百萬新臺幣，買你這隻左手，從肩膀切下來，就是我的了。你賣不賣？」

——出其不意的突兀性做法，往往能引起對方大量的注意力，重點是：你如何設計一個能引起注意的突兀性做法或說法？以及如何持續其注意力？同時又必須與你所要傳遞的銷售訊息相連結，繼而使人們能夠感同身受！注意，突兀性做法與耍噱頭是完全不同的兩碼子事。別混為一談！

「當然不！」

——這是你預期中的反應。也是通往下一步的臺階。

「那麼，我多付你五百萬呢？聽起來滿划算的。」

——你延續突兀性的做法，同時亦延續了他的注意力。

「不要，多少錢都不要！」

——要突破，你往往得學習一反常態。還是收起評論，認真學習如何更有彈性的銷售吧！還是那句話：成績證明一切！

「很好，王先生，（將其左手慢慢放下，再將其右手臂舉起），那右手臂呢？一千萬賣不賣？」

——持續性的非語言誘導，再加上突兀的語言內容，你已緊緊的吸引住他的注意力；此刻，對方的意識離原來的口語防衛狀態已越來越遠，這對他而言，是一段在意識學習的過程，而你也會覺得很輕鬆，雙方都沒任何的緊繃與對立的關係。

「當然不啦！你瘋了嗎?!這怎麼能賣，又不是隨時可以生產製造的。」

——你的突兀性操作策略應該要能激發出顧客為什麼要做好的理由。你自己講出來的一百個好處，往往還不如顧客自己「體會」到的一個強烈動機來的有效！

「王先生，你說對了，當無限價值的生命可以用有形的價錢來保護的時候，你真應該趁現在有能力的當下，為自己無價值的生命找到保護傘，而不是任由其暴露於風險之中，你說是嗎?!」

——充分利用顧客給你的「資源」，並在認知的基礎上找到契合與無爭議之處，每一步，都能填補顧客心理版圖的空缺，使其感覺充實與滿足，卻也充滿期待。

「（沉思……）嗯，是有道理，可是我不甘心保險公司賺我的錢啊！」

——你能察覺到顧客給你的「資源」何其多嗎？他自己也想要說服自己的心理，渴望為自己找到一個無可抗拒的理由，所以，你可以說，他的意識正在求救。為什麼？因為，他的語言結構透露出「雙邊束縛」的症狀，這個結構是這樣——「你說的保護傘我接受，可是，我又不想讓保險公司賺走我的錢……」，我接受A，但是我又不想付出B的代價。這是一種資源，你如何在對方要付出的代價上使其獲益、或減緩他對代價的認知比重！

「保險公司賺很多人的錢，這叫做投資理財，待會，你會迫不及待的想聽到保險公司賺很多錢的故事。」

——認知上的重新定義必須遵循著漸進的過程，從「不想讓保險公司賺我的錢」到「你會迫不及待想聽到保險公司賺很多錢」，認知上的重新定義必定亦常伴隨著「扭曲」的策略，別把「扭曲」這個策略冠上負面的等號！正的就是正的，難道負的不能透過「扭曲」而變成正的嗎?!只要是對顧客有幫助的，你就沒有策略上使用的限制。

「為什麼？」

——顧客正在尋求認知被扭曲的合理與邏輯所在，是個正常的反應。

「你身上有沒有一百塊的鈔票？」

——「扭曲」的邏輯性鋪陳往往也跟著輕微的模式阻斷，顧客不知道你正在、或接下來準備做些什麼？與他有什麼關係？所以，高度的注意力會大量集中在你接下來鋪陳的每件事、每個動作，甚至每句話。

「有啊，做什麼？」

——顧客急於想知道接下來會發生些什麼，這時，你知道他的配合度最高。

「你先拿出來。」

——你也可以說「先借我一下，等下就還你。」

「這是你的一百塊錢，我這裡有五百塊，第一年，這一百塊的功能就值這五百塊錢，然而，你不能隨便動它，除非你發生契約載明的理賠狀況，萬一發生，這五百塊是照顧你家人生活或孩子的教育費用，保護他們，免於失去家庭經濟來源而陷入困境。而第二年開始，原有的五百塊保障家人的費用依然存在，而保險公司用你的保費三分之一去投資，賺了二十塊，扣除成本後，再分給你這十五塊，你拿，還是不拿？」

——你如何鋪陳內容必須要發揮創意。數字的比例並不盡然正確（因為每家公司產品結構不同），真正的重點，則是在內容的可接受與可理解性有多少；換言之，這邏輯的鋪陳至少要能「被接受」以及「被理解」，那麼，就算成功一大半了。

「當然要拿囉！」

——鋪陳內容一旦被接受，重新架構後的意義就自然嵌入顧客的意識，是一種不著痕跡的影響力誘導。

「所以，你告訴我，你是喜歡保險公司賺錢，還是賠錢？」

——這是一種舒緩選擇性張力的做法，你喜歡賺錢、還是賠錢？答案不是很明顯嗎？一有了答案，原有的決策張力就消失了。

「你這麼說，我當然希望保險公司賺錢啦！」

——保險公司賺錢暗喻「當保險公司贏的時候，顧客也贏了。」沒人喜歡輸，大家都想贏。

「為什麼呢？」

——讓顧客自己講出要的動機與理由，絕對是再奇妙不過的一件事了。

「因為照你所講的，它賺錢，不就等於我也賺錢嗎！」

——顧客非常了解「雙贏」的實質涵義，同時，「扭曲」的策略運用也發揮了一定的功效。

「很好，然而，投資也有風險，這一點你比我清楚，是吧?!」

——嵌入式指令在此彰顯的是：「你比我懂投資理財，你自然了解、也接受資本市場的自然運做法則，即『投資必伴隨著風險而來』的自然定律。」

「我知道，這是一定的，銀行定存利率那麼低，股票又太刺激，我也在想，該如何發揮最大效益？」

——你使他將注意力放在「如何做」對他才是最好的情境中。

「很好，王先生，你現在願意談談這個效益的規畫型式了吧！」

——這是一個肯定式疑問句，它的句尾不會是「嗎」而是「吧」，雖然它是疑問句，然而，你總是會得到肯定的答案。

「當然！」

——顧客的意識轉變需要如酵素般的蘊釀，而酵素的作用時間不一，只是，大部分銷售人員空有經驗，卻找不出策略所在，這往往會形成：對此人銷售成功的經驗，對另一種人卻不一定有用。策略的結構不變，然而，它的運用，卻是千變萬化、精采絕倫的。

本章重點：

一、銷售時，非語言的影響力常伴隨著語言的力量，它們彼此單獨出現的機會極少，幾乎都是同時呈現在潛在顧客面前。

二、非語言的影響力不是強化語言內容表達的有效性，就是減弱它。

三、練習非語言訊息最有效的方式之一，就是每天在鏡子前（整面可看到全身），模擬與顧客的對話。你如何表達對顧客的興趣？你如何與顧客的經驗重疊以產生同理心及契合感？你說話時的面部表情是否搭配你的遣詞用字，恰如其分？你如何讓語言內容的抑揚頓挫使顧客感受到你充分的準備與自信？你有刻意去除說話時的贅語嗎？

四、非語言的誘導是在銷售時，利用當時的銷售情境或顧客可立即「感受」到的身體語言為起始點，並繼以持續擴充的感受性做法。特別適用在原說明內容已引不起顧客興趣的情況下，此舉常誘發出顧客大量的好奇，同時，亦能輕鬆轉移其注意力。

五、你應該隨時建立一個測試的機制：找個家人或朋友、同事當演練對象，看看你如何誘發他們對產品的興趣，有沒有被燃起購買的渴望？是否對你所說、展示的過程保持高度的注意力？聽你說明或誘發他們產生期待時，他們是興致盎然的想繼續聽下去，還是想逃之夭夭！鼓起勇氣，持續找人練習吧！

第十一章

運用重新設定，突破自我限制

成功錦囊：

銷售樂趣，是維持銷售動力的燃料。

——威力行銷研習會創辦人　張世輝

你相信嗎？有百分之九十九的銷售人員不只在接觸潛在顧客前被拒絕過，這情形也發生在銷售結案後，顧客所產生「購買者的反悔」上。

想想看，你之前辛苦、認真的耕耘這些潛在顧客，成交後，竟然還是會遇到「購買者的反悔」這檔事！媽媽買了十幾萬的英語教材給孩子，第二天後悔了，要退貨！王先生訂了房子，第三天有朋友告訴他買貴了，吵著要退訂金！顧客看了喜歡的車子，約好要來辦繳款與保險事宜，最後卻放你鴿子，你也連絡不到人！親戚向你進了一大批健康食品，也簽訂成為你的下線，隔天，卻接到通知，要你把貨退回去！送保單的那一天，顧客說要移民，不要這張保單了，並且要求退還保費！繳了第三次的保費，第四次說不繳了，要契撤！你的下線（或Agent）不幹了，連帶他的下線一半以上也鬧著要跟他到新的公司，玩新的創業制度，預先「卡位」。你總覺得自己被親信「背叛」！這些事聽起來可不是那麼令人興奮！而這樣的戲碼也隨時在上演，時有所聞。重點是：

一、碰上了，該怎麼辦？

二、如何防患於未然？

購買者為什麼會反悔？

「購買者的反悔」通常好發於下列之一或之二以上的狀況：

一、顧客倉促做決定。

二、購買後被同業「破壞」與毀謗。

三、親戚、朋友或同事當程咬金。

四、原服務品質低落、銷售人員說到沒做到。

五、顧客覺得未來財務可能發生變化、產生不安全感。

六、擔心公司倒閉、銷售人員離職。
七、顧客自己心猿意馬、常做後悔的事。

不過，大部分銷售人員也許對自己銷售過程太有自信，成交後往往什麼事也沒做。壽險理財顧問只等著保單下來，而忽略了應該有些什麼可維繫顧客注意力的動作；房仲業者交屋後忙著新的案子，因而忽略了前面顧客的一項修繕問題而導致不滿。想想看，成交後，不正是一段關係與承諾的開始嗎?!

如何終結購買者的反悔？

越是無形的商品銷售，越必須要將服務有形化。尤其是交易過程只憑一紙契約來履行各項承諾給顧客的好處時。同樣的，有形商品亦然！

你希望每位成交後的顧客都沒有「購買者的反悔」這類惱人的事發生嗎？切記，人們總是說「預防勝於治療」，然而，真正能做到的人卻少之又少！大部分都是等發生了才急就章的挖東牆補西牆，不但沒有效果，有時處理不當，亦常會得罪或失去一位顧客！

對於一個中產階級的顧客而言，拿出他年收入的百分之四十投資在自己的退休金規畫上，或許會導致他舉棋不定，猶豫再三。因此，延後這項決定將會是在結構上的阻力最小之路——選擇不去面對它，反正那是二十年後的事，現在還不急。知道這樣的結構，你就會發現，跟著對方「我現在還不急，等以後再說」起舞是一件多麼蠢的事！

收入與成就高低，源於自我暗示

如果我告訴你：「現在你也許不會察覺，然而，在未來你面對顧客的某一天，你會突然想起我說過的一句話、一個故事、一個案例，剛好就是這個顧客成交的關鍵。」這是一段暗示的指令，而無論你相信與否，你的潛意識在你閱讀它的同時，即已烙印在其中，就待未來、也或許是在最近的某一個銷售案例中，這個暗示就會出現在當時的情境，協助你完成不可能的任務。

在我舉辦的銷售研習會上，我經常給學員們不同的暗示，關於績效、收入、人力成長的後暗示，常常導致參加過策略進階訓練的學員打電話來問我，他們的開場往往是像這樣：「張老師，我覺得很奇怪，剛受完訓時還一頭霧水，為什麼現在半年過去，我簽下的案子是以前的三倍？你有對我做什麼嗎?!」

我重新設定了他們的潛意識程式語言，同時，也在必要的時候訓練學員們如何重新設定顧客們的潛意識。只是，這些通常都不被表意識察覺，那是我刻意略過的地方。和每個人的表意識周旋是件既費力、又費時的苦差事，如果我要到達目的地，我一定會選擇用最省力的方式。最大的代價不是最快到達目的地所耗費多少資源，而是不這麼做，我所消耗的能量，將抵消到達目的地的效益！

外顯行為是潛意識設定的結果

任何有效的銷售策略都必須透過「一外一內」的設定過程方能奏效！「一外」指的是：外在銷售行為、表達方式與使用語言習慣的設定及訓練；這必須持之以恆，因為，這往往會與你現有的外在行為不符。重點是，誰說一個月賺五萬塊的做法會與賺兩百萬的做法相同呢？

而「一內」指的是：內在潛意識的重新設定。一個不認為自己能賺到年收入五千萬的人，拚了老命也賺不到！他永遠只能做到內在意識所認定的「那個」令他舒服的安全數字。為什麼？因為，你的潛意識早就將該數字印在那裡了！你的舒適空間就在那理，因為「熟悉」，而對那個數字之所以有熟悉感，是你「自己」所設定好的。可怕的是，一旦被你自己認定了，就很難再去改變它；這也是為什麼每個業務團隊的年度策畫會報、團隊戰鬥營、激勵大會上所定下的激情後數字目標，很少有人能真正達成的原因。所以，一樣是二八定律，能有近百分之二十的人達成業績目標、人力成長目標等，已是理想狀況了。至於其他百分之八十的人呢？每個人都會忠於自己的潛意識所設定的一切，你可以這麼說：人的一生，都受內在潛意識設定的影響。而我們亦常聽到這句話：你的外在世界，就是你內心世界的投射！

想改變你的收入嗎？想增加你的團隊有效人力？同時還要持續的突破與成長？記得這「一外一內」的設定機制，還有，找個懂得重新設定的教練來幫你忙，尊重並運用專業，你將會得到無與倫比的回報！

案例(一)無效的話術

「我現在還不急，等以後再說！」

「王小姐，退休理財是現代人都必須正視且立即規畫的，怎麼能不急呢?!況且，強迫自己儲蓄不也是應該養成的好習慣嗎?你就別再猶豫了。」

「我沒有說我不需要，我只是說我還不急著做規畫。」

「我懂，其實趁我們還年輕時，就預先準備好未來的退休財務規畫，才不會到時候來不及，你說對不對？」

「話是沒錯，我也懂這個道理，但是你要我現在就做決定，那是不可能的。最主要是，退休那一天離我還很遠，說真的，我一點興趣都沒有。」

「退休金規畫跟有沒有興趣應該沒有關係吧！我建議你還是提早完成這項規畫，只有好處的，相信我！」

「你還是不要逼我了吧。」

「……」

案例㈡有效的策略

「我現在還不急，等以後再說！」

「這倒也是，實在不必急著現在就做規畫，你應該再等久一點，你知不知道為什麼？」

「為什麼？」

「如果你太快就規畫好了退休金，等時間一到，你也許會是你的同儕中，最快擁有退休條件的人！哇，想想看，比別人還早拿到退休金呢！你也許還不想那麼早就不做事，而且，除非你聽到這句話，否則，你可能不會發現，你現在多花的每一塊錢，都是在消耗你未來的財富；你也可能發覺，現在每多存一塊錢，都是在累積未來額外的財富。你或許不喜歡「退休」，然而，這不代表你不能循序漸進的累積財富，你說是吧？」

「嗯，你說得沒錯，我比較喜歡這樣的概念，不然，聽起來好像我已經很老了，動不動就要退休，拜託，我還很年輕呢！」

「很好，你不只很年輕，而且很聰明。告訴我，你喜歡的概念是：一、消耗未來的錢；還是二、累積未來的錢？你喜歡哪一個？」

「這還用說，一定是第二個。」

「重點是，你願意持之以恆，養成持續投資自己未來額外的錢而不中斷嗎？」

「為什麼不?」

「很好,很高興聽到你這麼說。我會這麼問的原因是:有太多人因為沒有投資理財的紀律,動不動就『中止』他們原來的財務規畫,一點也不給自己累積財富的時間;而『時間』,是一流的致富專家最好的朋友,卻是二流投資人最可怕的敵人,你認同嗎?!」

「對啊,本來就是這樣,我很認同你所說的,一點都沒錯。」

「所以,財務規畫並沒有急或不急的問題,只有做或不做,以及有還是沒有規畫的問題,你說是吧!」

「好吧!其實你說的很有道理,不是一直叫我買東買西的業務員,我要簽哪些文件呢?」

為什麼有效?

「我現在還不急,等以後再說!」

——在最後的決定時刻,發生這類「不急著要」的情況時,別急著提出顧客「現在」非決定不可的理由,否則,就會像案例㈠,容易形成對立的互動結構;那只會使防衛性升高，如果你想搞砸一件可能成交的case，你會知道那個是最快的對應方式。

「不急著要」有很有多訊息隱含其中，可能包含了：預算、對方不怎麼相信你、你的產品功能不怎麼樣、擔心公司倒閉、說明方式與內容無法引起他的興趣、太貴或太便宜了……不過，不論是什麼原因，都只有一件事是最重要的，就是她沒有「要」！

「這倒也是，實在不必急著現在就做規畫，你應該再等久一點，你知不知道為什麼？」

——在「不急著做決定」的施力點上與其同步，同時再延伸時間的長度，請她「再等久一點」，這不是一般她熟悉的對應方式，除了有模式阻斷的效果，亦暗示其潛意識去搜尋「為什麼」要再延長她做決定的時間。這必定有其原因，只是她的表意識不知道，也就是說，她現有理智層面的意識尚未察覺那是什麼，這屬於「隱含的暗示」。

「為什麼？」

——潛意識雷達正在迅速掃瞄理智層面是否已有了解答。當然，啟動雷達掃瞄目標時，你是無法在中途解除設定的，除非一直要搜尋到正確的目標為止。

「如果你太快就規畫好了退休金，等時間一到，你也許會是你的同儕中，最快擁有退休條件的人！哇，想想看，比別人還早拿到退休金呢！你也許還不想那麼早就不做事，而且，除非你聽到這句話，否則，你可能不會發現，你現在多花的每一塊錢，都是在消耗你未來的財富；你也可能會發覺，現在每多存一塊錢，都是在累積未來額外的財富。你或許不喜歡「退休」，然而，這不代表你不能循序漸進的累積財富，你說是吧？」

——「目標」必須要能符合顧客心中對價值的定義，價值與功能是不同的兩個連續性標的，有些人購買是因為商品功能，而另有些人購買則是因為價值導向。而如何辨識顧客是功能導向的購買者、抑或是價值導向？依這位顧客而言，前面案例(一)的功能導向無法打動她，你就得「自動」將策略調整為價值導向的銷售！這是最簡易的辨識方式了！

這整段充滿了各項暗示（舉凡「暗示」，皆為不想引起表意識的篩選作用，暗示型的指令可直接穿透表意識的細胞膜，進入細胞的核心，那也是處理這類型的顧客最適合與有效的做法。），從「除非你聽到這句話」開始，暗示的連接詞，其功能異常顯著，既可略過表意識濾網，又能啟動渴望。而你也總是八九不離十的能得到應該有的反應。

「嗯，你說得沒錯，我比較喜歡這樣的概念，不然，聽起來好像我已經很老了，動不動就要退休，拜託，我還很年輕呢！」

——如果你的銷售暗示直中核心，接下來就會省力多了。

「很好，你不只很年輕，而且很聰明。告訴我，你喜歡的概念是：一、消耗未來的錢；還是二、累積未來的錢？你喜歡哪一個？」

——「不只……而且……」是一種擴張策略的運用，可以強化並連結兩個標的其間的作用力，年輕與聰明被連結後，接下來的選擇或決定，自然就不會太笨。當然，她喜歡的概念到底是什麼，前面也沒交待清楚。因此讓她自己交待清楚那是什麼，讓你們彼此心中都比較踏實。因為，這等於又確認了一次她「喜歡」的概念其明確的定義是什麼。

「這還用說，一定是第二個。」

——既是聰明的人，自然會選擇對自己有利的聰明答案。

「重點是，你願意持之以恆，養成持續投資自己未來額外的錢而不中斷嗎？」

——這遠比你說教式的告訴她，愛因斯坦曾說過：「時間乘以複利的效果大過原子彈」有效多了。這項規畫的重點是什麼？持續投資的規律性囉！

「為什麼不？」

——在認同的基礎上前進準沒錯。

「很好，很高興聽到你這麼說。我會這麼問的原因是：有太多人因為沒有投資理財的紀律，動不動就『中止』他們原來的財務規畫，一點也不給自己累積財富的時間；而『時間』，是一流的致富專家最好的朋友，卻是二流投資人最可怕的敵人，你認同嗎?!」

——你為對方的「認同」找到了支撐的樑柱，她自己會分辨是否真有其道理。

「對啊，本來就是這樣，我很認同你所說的，一點都沒錯。」

——擴張其認同的範圍與面積，對她的規畫動機與合理性找到理由，以有別於她一開始「不認同」自己既年輕、又要做退休規畫的不協調性。

「所以，財務規畫並沒有急或不急的問題，只有做或不做，以及有還是沒有規畫的問題，你說是吧！」

——你有沒有發現，原來的退休金規畫變成了財務規畫？同時，藉著直指核心的操作策略，你不但能改變原有的銷售定義與標的，還能描述她內心正在形成的經驗。

「好吧！其實你說的很有道理，不是一直叫我買東買西的業務員，我要簽哪些文件呢？」

——她終於「發現」了一位與眾不同的銷售人員，她也很清楚，並不是每一位銷售人員都能如此這般的使其找到決策的依據。真的不是每個人都懂得鋪一條鑲金的道路，吸引並使顧客踏上對其最有利的累積財富之路。

而你，最好是那個鋪設黃金道路的人！

本章重點：

一、服務業興盛的年代，顧客能感受到企業或銷售人員的服務反應不一；有人主張「售前服務」，即尚未購買前，就先讓顧客享有部分服務，據此先攻占顧客的心，就像超市的「試吃」一樣。也有主張「售後服務」，完成交易後，才能享有企業或銷售人員提供的服務。

二、無論服務與銷售型態為何，真心對待顧客，並保持「親而不膩」的關係，才能將「購買者的反悔」比例降到最低。

三、雖然建立契合與迎合顧客的語意如此重要，然而，你也要有辦法找到「同中求異」的施力點，例如：當顧客說「我不急著做決定！」時，你得在語言上與其同步，卻不能忘記找到誘發顧客好奇及改變的施力點！

四、任何有效的銷售策略都必須透過「一外一內」的設定過程方能奏效！「一外」指的是：外在銷售行為、表達方式與使用語言習慣的設定與訓練；而「一內」指的是：內在潛意識的重新設定。你永遠只能做到你內在意識所認定的「那個」令你舒服的安全數字。想要改變數字，就必須改變內在的程式。

五、每個人都會忠於自己的潛意識所設定的一切，你可以這麼說：人的一生，都受內在潛意識設定的影響。

第十二章

前瞻趨勢再造成功與財富

成功錦囊：

銷售，一直都是一種創造的過程，不持續學習，哪來的創造力？

——威力行銷研習會創辦人　張世輝

你或許還記得，我曾經將銷售人員分為三種，特別是你讀過《催眠式銷售》這本書時，當時，我認為這世界上任何一個產業都有三種不同的銷售人員，就如下圖所示：

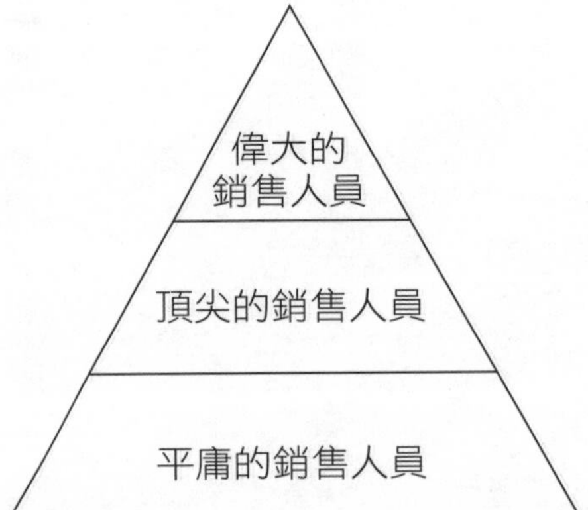

當然，這並不代表平庸的銷售人員不夠努力或不夠認真，這裡是將推動現代商業發展的銷售人員以成績來區分。我的觀念很簡單，永遠是那句老話，成績證明一切！只要你是在銷售這一行。不過，騙子及吸金違法者除外。在我們訓練業，也有一些打著「成功致富旗幟」的騙子大行其道，並在國際間淪為笑談。然而，這些騙子依然故我，他們總是用不同的包裝來行騙，但我總認為，老天爺會收拾這些偽君子，同時，我也衷心祝福這些人走回正道。

從經濟趨勢中學習因應之道

雖然從未有任何一位經濟學大師或學者，在過去能正確預測未來的經濟是何模樣；不過，這倒也造就了另一種預測未來世界與趨勢的風潮。當然，有些依然是譁眾取寵、言過其實。而有些關於未來的趨勢預言倒也不失幾分神準。而趨勢，常常是各類商業經營者、專業經理人、專業或非專業投資人共同關注的社會現象。原因很簡單：誰能正確預測未來，誰就握有市場、商品及顧客消費力與消費者喜好的主導權！換句話說，也就是掌握財富，而且是大到無法想像的財富！誰能說成功的企業家、專業經理人或專業投資人不是全世界掌控欲望最強的一群人！巨額的財富落入這些成功者的口袋，縱使招致部分政客與社會底層人士的批評與詆毀，然而，成功者並不是為了這些人而活，他們是為了自己的理想或夢想而活，只要是合法與合乎道德規範，研究趨勢、運用趨勢來創造消費並無不妥。而且，讚揚並學習這些成功人士們的致富之道，往往都充滿了教育性與啟發性，有時，我甚至認為，學校的教育及教科書也應該適當的給我們的孩子們正確的創業典範、故事，以培養下一代正確的商業經營概念與興趣，而不只是念書及應付考試而已！現在的教育內容雖已大幅改革，不過，我要說，還是扼殺了百分之八十以上真正有各方面天賦才能的孩子，那可能也包括你的孩子在內！

M型社會，M型銷售——你是贏家、還是正被甩出贏家圈？

如果真如研究社會趨勢專家、學者們的預言，M型社會之浪潮直撲眼前，你必須自問，依現在的知識與能力，你為M型社會的消費模式與消費者做好準備了嗎？幾乎百分之九十八以上都還沒有。有些人連M型社會都沒聽過，更別談準備了！而這些人，你猜猜看，哪一種商業人士最多？

財富「分配」不均這句話你一定聽過，而且，它常常出現在政客操弄選舉與選民之間，以挑動社會底層不安與對財富的仇視。基本上，這句話本身是有問題的，因為，財富並非是由「分配」而來。財富若是僅靠分配，那人們何需受高等教育？何需在職場、商場上奮力一搏，以爭取最佳與最大獲利空間？企業也就不需要再投入研發新商品、培訓員工以提昇企業競力；因為，財富只要靠「分配」就會到你我以及每一個人手上，哪裡需要學習與付出呢？

財富從來就不曾真正的被分配過，不管你研不研究歷史、政治與商業史，這都不曾發生過。所以，別再上「財富分配不均」這句話的當，你該問問自己，是否為下一波即將到來的社會趨勢做好創造財富的準備？你採取了什麼行動？計畫了些什麼？閱讀些什麼？學習些什麼？思考些什麼？你見了哪些人（那些能幫助你做好準備的人）？你的零碎時間是如何利用的？你看待自己的方式有改變嗎？你的顧客屬性與對象有何不同？你充分研究你的銷售目標族群的條件了嗎？你的產業或商品專業知識有提昇與加強嗎？你的產業在其他先進國家是如何演變與發展的，你掌握得到嗎？還是，你只是原來的你？這些聽起來或看起來，一概不關你的事？

如何迎戰M型社會？

如果M型社會已然成型，那麼中產階級將被迫往M型的兩邊移動，亦即「非富即窮」的二元化選擇，而這兩個區塊本來就存在著，因此就導致接下來的兩個問題：身為銷售人員的你，將會往哪個版塊移動？而另一個問題是：如果你要往富人區塊移動，你的銷售對象與策略是否意味著必須大幅度調整？

這雖然沒有絕對性，況且，現在的社會經濟與消費結構縱然有些許端倪，M型社會仍是個「部分現在」與「大部分未來」的社會現象，當然，我們也不知道全面性及未來的持續性演變為何？話雖如此，致富機會往往還是朝夠敏銳的企業家、創業家及銷售人員的口袋裡跑，原因無他，只因為他們都及早準備，以趁洞燭機先之優勢，這就是為什麼利用並預測趨勢，也能創造巨額財富的道理。

若說富者越富，貧者越貧的社會現象避免不了，中產階級又消失殆盡，那麼M型社會的銷售型態自然就演變成了對窮人提供服務與商品的銷售人員，以及專門針對富人市場與殘留在中產階級的部分消費者提供商品與服務。因此，一般或平庸的銷售人員將意味著市場結構轉變的自然淘汰亦或升級，會被淘汰的平庸銷售人員大多現在就能嗅出端倪。比如：對富人市場沒信心，同時亦不願額外付出學習支援富人市場專業性的代價。這些銷售人員的特徵與想法是：公司的訓練再加上行動力與現有人脈即足夠。他們通常眼神只專注在現有的問題與短暫的利益，對未來不是矇著眼睛前進、就是假裝未來什麼事也不會發生。如果你也這麼定位自己，就足夠使你成為M型社會結構引擎運轉下，被離心力甩出去的那一個！

當過去的成功法則不代表未來時，你該怎麼做？

多一點點的感知與改變即能使你銷售升級，同時傲視群倫。問問自己以下幾個問題，看看自己是否已準備好搭上趨勢的列車：

在M型社會經濟結構的趨勢下，

1. 富人專注與喜歡的理財方式有哪些？
2. 你如何吸引富人的注意與興趣？
3. 你如何走進富人的社交圈？
4. 如何破除富人的約見限制，而直搗黃龍？
5. 你如何鎖定富人市場而能樹立個人信用品牌？
6. 你如何知道富人在財務結構上擔心什麼、或最關心什麼？
7. 富人如何分配時間？他們對時間的看法及態度與窮人或中產階級有什麼差別？

而最後一個關鍵性的問題則是：

8. 你有什麼策略去趨動富人們的投資與購買意願？

面對這些大問題時，首先，你得先撇開個人先入為主的觀念，任何評論都不適合在這裡出現。因為，所有的評論都將扼殺你轉型的一絲機會。比如：「我又不認識半個富翁，怎麼跟他們談？」、「我只懂公司的商品，搞不好這些有錢人比我還懂更多呢?!找他們談，不是找死嗎？」、「我的顧客們已經算是有錢的，服侍他們就夠了，哪有空再去開發新的、更有錢的人？」

你真正要做的，就是認真面對你所看到的那八個問題，幫助你詰問自己。越早面對並思考這些轉型問題，就越早使你突破轉捩點，你不會以現在的成績與收入而自滿吧？我相信你不會，畢竟，沒人想在未來被淘汰！及早準備，不要再等待與觀望，一顆最想致富與成功的心，與一個最想突破致富的腦袋正等著你去投資呢！現在，就請你行動，投資在自己的賺錢能力上，將永遠穩賺不賠！

GOBOOKS & SITAK GROUP ©